Forschungsberichte aus dem Institut für Werkzeugmaschinen und Betriebstechnik der Universität Karlsruhe

Herausgeber: o. Prof. Dr.-Ing. H. Victor

2

Wolfgang M. Bässler

Die direkte Hartverchromung von Aluminiumzylindern durch Galvanisches Auftragshonen

Springer-Verlag
Berlin Heidelberg New York 1980

Dr.-Ing. Wolfgang M. Bässler
Institut für Werkzeugmaschinen und Betriebstechnik
Universität Karlsruhe

Dr.-Ing. Hans R. Victor †
o. Professor am Institut für Werkzeugmaschinen und Betriebstechnik
Universität Karlsruhe

ISBN 978-3-540-10144-4   ISBN 978-3-642-52214-7 (eBook)
DOI 10.1007/978-3-642-52214-7

<u>Geleitwort des Herausgebers</u>

Vielfach wird beklagt, daß der Transfer der Ergebnisse von
Forschungsarbeiten der Universitäten zum industriellen Anwender nur mit Zeitverzögerung oder in nicht ausreichendem
Maße erfolge. In den Fällen, wo das wirklich zutrifft, wäre
diese Problematik besonders dann zu bedauern, wenn die durchgeführten Forschungsarbeiten praxisrelevante Themen behandelt
haben, die unmittelbar oder nach Anpassung Teil des für den
wirtschaftlichen Erfolg der Industrie so wichtigen "know how"
werden könnten.

Um den Wissenstransfer Universität - Industrie wenigstens in
einem kleinen Bereich zu verbessern, wird die Buchreihe

"wbk-Forschungsberichte"

gesicherte Ergebnisse praxisnaher Forschungsarbeiten des

Instituts für Werkzeugmaschinen
und Betriebstechnik
der Universität Karlsruhe

kurz "wbk" genannt, in geschlossener Darstellung veröffent-
lichen. Die Bände dieser Reihe, die in unregelmäßiger Folge
erscheinen, sollen dazu beitragen, die zeitliche und sachliche
Lücke zwischen dem Abschluß einer Forschungsarbeit und der
möglichen Adaption durch die Industrie zu verkürzen.

Thematisch umfassen die Veröffentlichungen Arbeiten aus dem
Gebiet der Fertigungstechnik, des Werkzeugmaschinenbaus und
der Steuerungstechnik. Sie wenden sich sowohl an das Führungs-
personal im Betrieb als auch an in Forschung und Entwicklung
Tätige. Beiden genannten Personenkreisen sollen sie neue Erkenntnisse und Ergebnisse aus der Forschung vermitteln, die
für die eigenen konstruktiven und fertigungstechnischen Aufgaben von besonderer Bedeutung sein könnten.

Naturgemäß kann eine derartige Dokumentation, die ja an einen
gewissen Umfang gebunden ist, nicht in jedem Fall und für jede

Anwendung alle Fragen schlüssig beantworten. Ergänzend hierzu
bietet sich dann aber der persönliche Kontakt des Interessen-
ten mit dem wbk an, zu dem die Autoren gern bereit sind.

Daß die wbk-Forschungsergebnisse durch die jetzt über den
Buchhandel erhältlichen "wbk-Forschungsberichte" noch größere
Verbreitung als bisher erhalten, wünschen alle Mitarbeiter
und der Herausgeber dieser Reihe.

Hans R. Victor

Vorwort

Diese Arbeit entstand während meiner Tätigkeit als wissen-
schaftlicher Mitarbeiter am Lehrstuhl und Institut für Werkzeugmaschinen und Betriebstechnik der Universität Karlsruhe.

Herrn Prof. Dr.-Ing. H. Victor, dem Leiter des Instituts, bin
ich für die großzügige Unterstützung und Förderung der Arbeit
zu besonderem Dank verpflichtet. Ebenso bedanke ich mich bei
Herrn Prof. Dr.-Ing. W. König, dem Leiter des Lehrstuhls für
Technologie der Fertigungsverfahren der R.W.T.H. Aachen, für
die Übernahme des Korreferats und die eingehende Durchsicht
der Arbeit.

Den Firmen Mahle GmbH, Daimler-Benz AG und Gehring GmbH danke
ich für die gute Zusammenarbeit. Der Deutschen Forschungsge-
meinschaft möchte ich für die zur Verfügung gestellten For-
schungsmittel danken.

Mein besonderer Dank gilt den Mitarbeitern des Instituts und
den Studenten, die mich bei der Durchführung dieser Arbeit
unterstützt haben.

Letztlich gilt mein Dank auch meinen Eltern, die mir eine zur
Durchführung dieser Arbeit notwendige Ausbildung ermöglichten.

Karlsruhe, Januar 1980   Wolfgang M. Bässler

BEZEICHNUNGEN

Zeichen	Dimension	Bedeutung
A	mm^2	Fläche
A_K	mm^2	Kathodenfläche
A_c	g	Äquivalentgewicht
A_e	g/Ah	elektrochemisches Äquivalent
a	mm	Elektrodenabstand
a_o	mm	Anfangsspaltweite
c	μm	Schnittabstand
c_F	g/l	Konzentration der Fremdsäure
c_S	g/l	Konzentration
D	mm	Eindrucksdiagonale
d	mm	Bohrungsdurchmesser des Werkstücks
d_N	mm	Nenndurchmesser
Δd	mm	Änderung des Bohrungsdurchmessers
F	Cb	Faraday-Konstante
F_A	N	Anpreßkraft
F_P	p	Prüfkraft
F_Z	N	Zustellkraft
ΔG	N	Gewichtsdifferenz
HV	kp/mm^2	Vickershärte
I	A	Stromstärke
i	A/dm^2	mittlere Stromdichte
i_{Gr}	A/dm^2	Grenzstromdichte
i_K	A/dm^2	kathodische Stromdichte
L	mm	Hublänge

l_W	mm	Bohrungslänge des Werkstücks
Δl_H	mm	Honsteinverschleiß
m	g	umgesetzte Stoffmenge
n	U/min	Drehzahl
p	N/cm^2	Zustelldruck
Q	Ah	Ladungsmenge
R	μm	Rundheitsabweichung
Re	–	Reynolds-Zahl
R_{AR}, R_{IR}	μm	Radius der Bezugskreise
R_{AZ}, R_{IZ}	μm	Radius der Bezugszylinder
R_{EL}	Ω	Widerstand
R_a	μm	Mittenrauhwert
R_t	μm	Rauhtiefe
R_{tA}	μm	Rauhtiefe der tragenden Struktur
R_{tB}	μm	Rauhtiefe der Grundstruktur
r	mm	Radius
s	μm	Schichtdicke
$\dot{s}$	μm/min	Abscheidungsgeschwindigkeit
t	min	Beschichtungszeit
t_A	s	Aufweitzeit
t_D	min	Beschichtungszeit im Durchflußverfahren
t_H	min	Eingriffzeit der Honsteine
t_p	%	Profiltraganteil
U	V	Spannung
V	mm^3	Volumen
VM	–	Vergrößerungsmaßstab
v_{EL}	cm/s	Elektrolytströmungsgeschwindigkeit

v_a	m/min	Axialgeschwindigkeit
v_s	m/min	Schnittgeschwindigkeit
v_u	m/min	Umfangsgeschwindigkeit
y	mm	Kathodenabstand
Z	μm	Zylindrizitätsabweichung
α	$^\circ$	Überschneidungswinkel
α_{Al}, α_{Cr}	$1/^\circ C$	Wärmeausdehnungskoeffizient
η	%	Stromausbeute
Θ	$^\circ C$	Elektrolyttemperatur
$\varkappa$	$\Omega^{-1} cm^{-1}$	spezifische Leitfähigkeit
ρ	g/cm^3	Dichte

1. EINFÜHRUNG UND PROBLEMSTELLUNG

1.1 Der Leichtmetallzylinder im Motorenbau

Der Verbrauch von Leichtmetall, insbesondere von Aluminium
und Aluminiumlegierungen, nahm im Laufe der letzten Jahr-
zehnte infolge der ausgezeichneten physikalisch-mechani-
schen Eigenschaften dieser Werkstoffe auch in der Fahr-
zeugindustrie ständig zu.

Die ausreichende Festigkeit und die dem Grauguß gegenüber
ungefähr dreimal größere Wärmeleitfähigkeit macht die
Leichtmetalle auch für die Herstellung der Zylinder von
Verbrennungsmotoren geeignet. Durch die bessere Wärmeab-
fuhr sind bei gleichen Zylindertemperaturen höhere ther-
mische Belastungen als bei Graugußzylindern möglich. Bei
Otto-Motoren können durch herabgesetzte Wand-Temperaturen
des Brennraumes, bei gleicher Klopfgrenze des Kraftstoffs,
höhere Verdichtungen erreicht werden, wodurch sich höhere
Leistungen, geringere spezifische Kraftstoffverbräuche
und damit weniger Emissionen ergeben. Aufgrund der besseren Wärmeverteilung und der gleichmäßigen Wärmedehnung
ermöglicht die Kombination des Leichtmetallzylinders mit
dem heute fast ausschließlich eingesetzten Leichtmetall-
kolben, bei gleicher Sicherheit gegen Fressen, ein nur
halb so großes Einbauspiel gegenüber der Kombination
Graugußzylinder-Leichtmetallkolben. Daraus ergibt sich
u.a. ein besseres Verschleißverhalten [1, 2, 3]. Infolge
des um zwei Drittel geringeren spezifischen Gewichts des
Aluminiums gegenüber den Eisenwerkstoffen verringert sich
auch das Eigengewicht des Motorblockes bzw. Fahrzeuges.
Durch den steigenden Aluminiumanteil in den Kraftfahrzeu-
gen der Bundesrepublik Deutschland - die Steigerungsrate
betrug 1976 zehn Prozent - werden jährlich rund 1 Mia.
Liter Kraftstoff gespart [4].

Die Verwendung von Leichtmetall im Motorenbau trägt so in
vielfältiger Weise bei, die heute immer stärker werdenden
Forderungen nach größerer Wirtschaftlichkeit und erhöhter
Sicherheit zu verwirklichen [5].

Das schwierigste Problem des Leichtmetallzylinders war
von Anfang an die Schaffung einer ausreichend verschleiß-
festen Kolbenlaufbahn, da der Verschleißwiderstand der
Al-Legierungen zu gering ist.

Im Laufe der Entwicklung wurde versucht durch einge-
schrumpfte oder eingegossene Gußeisenbüchsen, Stahlbüch-
sen oder durch Aufspritzen dünner Stahlschichten den Ver-
schleißfestigkeitsanforderungen Genüge zu leisten. Mit
diesen Armierungen konnten die Vorteile des Leichtmetallzylinders aber nicht vollständig umgesetzt werden.
Wirklich bewährt haben sich dagegen hartverchromte Zylinderlaufflächen, die seit 1950 millionenfach im Einsatz
sind. Die Verschleißfestigkeit des hartverchromten Leichtmetallzylinders ist ungefähr neunmal größer als jene des
Aluminiumzylinders mit eingelegter Stahlbüchse [3]. Die
Verlängerung der Lebensdauer ist vor allem auf die große
Härte, die ausgezeichnete chemische Widerstandsfähigkeit
sowie die geringe Freßneigung des glatten, mikrokristal-
linen Gefüges der Chromschicht gegenüber anderen metallischen Oberflächen zurückzuführen [2, 6].

Neuerdings werden auch sogenannte "Dispersionsüberzüge"
elektrolytisch auf Leichtmetallzylinder aufgebracht.
Meistens handelt es sich dabei um eine galvanisch abgeschiedene Nickelschicht mit gleichmäßig eingelagerten,
feinkörnigen Siliziumcarbidteilchen, die durch ihre Härte
die Verschleißfestigkeit erhöhen [2, 7].

Durch die Verwendung einer übereutektischen Aluminium-
-Silizium-Legierung, also mit erhöhtem Silizium-Anteil (17%),
ist es möglich unbeschichtete Leichtmetallzylinder einzu-

setzen, jedoch gepaart mit eisenbeschichteten Leichtmetall-
kolben. Dieses System wird "Umkehrung" genannt [8]. Durch
die Serienfertigung eines solchen Motors in den USA im
Jahre 1970 schien sich die Abkehr von galvanisch aufgebrachten Verschleißschichten abzuzeichnen [8, 9]. Die augen-
scheinlichen Kostenvorteile (es war ja nur notwendig, die
Primärsiliziumkörner anodisch oder chemisch freizulegen um
eine verschleißfeste Lauffläche zu erhalten) wurden jedoch
bald durch erhöhte Aufwendungen beim Gießen bzw. bei der
spanenden Bearbeitung des äußerst zähen und harten Materials
verringert. Auch das ungünstigere Korrosionsverhalten, besonders während längerer Motor-Stillstandszeiten [5], trug
dazu bei, daß sich bisher die Umkehrung nicht im prognosti-
zierten Umfang durchsetzte, ja sogar in den USA wieder ganz
verschwand.

Der positive Aspekt der Entwicklung der Umkehrung für die
Galvanotechnik war die verstärkte Suche nach Verfahren,
galvanische Verschleißschichten schneller und besser auf-
zubringen, um die vermeintlich verlorengehende Konkurrenz-
fähigkeit wieder zurückzugewinnen.

1.2 Die Hartverchromung von Aluminiumzylindern

Der hartverchromte Zylinder stellt eine Verbundbauweise
dar und erfüllt die technische und wirtschaftliche Forderung, daß hochwertiges Material nur dort einzusetzen ist,
wo es benötigt wird.

Da der Zylinder zusammen mit Zylinderkopf und Kolben den
Brennraum des Hubkolbenmotors bildet, ist er neben dem
mechanischen Abrieb auch hohen Drücken und Temperaturwech-
selbelastungen sowie chemischem Angriff ausgesetzt. Die
sich aus diesen Beanspruchungen ergebenden Anforderungen

an die Verschleißschutzschicht des Leichtmetallzylinders

- Erhöhung der Verschleißfestigkeit

- Steigerung der Härte

- Herabsetzung des Reibungskoeffizienten

- Erhöhung der Korrosionsbeständigkeit

werden durch eine galvanisch aufgebrachte Hartchromschicht
sehr gut erfüllt. Die Eigenschaften des Chroms sind im
Vergleich mit Aluminium und Grauguß in Tabelle 1 zusammen-
gestellt.

Eigenschaften	Chrom	Grauguß	Aluminium (Al-Legierungen)
Spz.-Gewicht g/cm^3	6,9–7,1	7,3	2,6–2,8
Schmelzpunkt $^\circ C$	1765	1150–1300	658
Wärmeleitfähigkeit cal/cm $^\circ C$ sec	0,05–0,15	0,17	0,50 (0,20–0,40)
Wärmeausdehnungszahl	$7–8 \cdot 10^{-6}$	12×10^{-6}	22×10^{-6} (18–24)
Härte (Brinell) kg/mm^2	800–1000	150–250	30–40 (50–150)
Verschleißfestigkeit	sehr gut	gut	gering (befriedigend-gut)
Korrosionsfestigkeit	sehr gut	befriedigend empfindlich gegen saure Lösungen	befriedigend empfindlich gegen alkalische Lösungen
Ölhaftfähigkeit (Benetzungsfähigkeit)	gering	gut	befriedigend
Reibungskoeffizient	nieder	mittel	mittel
Reflexionsvermögen	sehr gut	mittel	mittel

Tabelle 1: Eigenschaften von Chrom im Vergleich mit Grauguß und Aluminium-Werkstoffen [10]

Die Hartverchromung von Leichtmetallzylindern wird heute
fast ausschließlich durch Tauchgalvanisieren in Bädern
durchgeführt. Sie ist mit Recht als schwierig zu bezeichnen, da die Oberfläche des Aluminiums aufgrund ihres un-

edlen Charakters an der Luft rasch oxydiert und die Haftfestigkeit der galvanisch niedergeschlagenen Chromschicht
durch die Oxydhaut nachteilig beeinflußt wird. Zur Ver-
ankerung des Niederschlages muß daher die Grundfläche
aufgerauht und die Oxydhaut entfernt werden. Um dieses
Ziel bei Aluminium und seinen Legierungen zu erreichen,
wurden verschiedenartige Beizverfahren in Säuren und alka-
lischen Bädern entwickelt, die mehrfach beschrieben wurden
[3, 11, 12, 13]. Bei der Hartverchromung von Motorzylin-
dern hat sich das Nickel-Tauchverfahren bewährt [12].
Durch diese Vorbehandlung wird es möglich, gut haftende
Chromschichten ohne Zwischenschicht im Badverfahren direkt
auf Aluminium abzuscheiden [10, 12].

Bei der Hartverchromung von Zylinderbohrungen im Badverfahren wird als Elektrolyt überwiegend der Hartchrom-
Standard-Elektrolyt in einer Lösung von 250 g/l Chromsäure unter Zusatz von 2,5 g/l Schwefelsäure als Fremdsäure verwendet. Das Prinzip der Hartverchromung im Bad
ist in Bild 1 dargestellt; der Zylinder wird in den Elektrolyten eingehängt und kathodisch gepolt. Als Anode werden i. allg. Bleielektroden verwendet, die konzentrisch
in die Bohrung eingebracht werden.

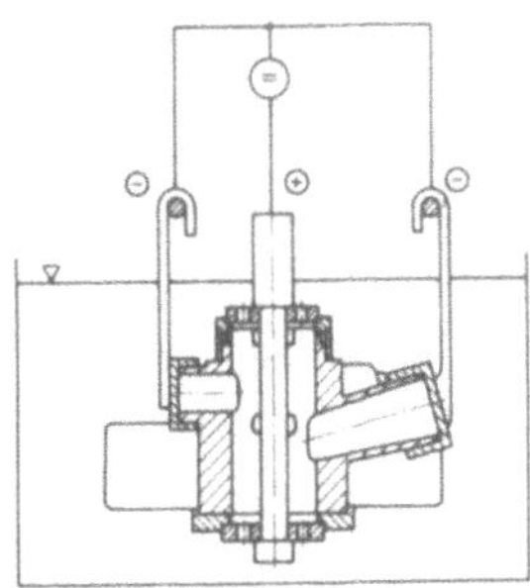

Elektrolyt	Standardelektrolyt	SRHS
Elektrolyttemperatur	45–55^{0}C	45–55^{0}C
Stromdichte	50 A/dm^2	bis 100 A/dm^2
Elektrodenabstand	15–20 mm	15–20 mm
Auftragsgeschwindigkeit	40 μm/h	100 μm/h

Bild 1: Prinzip des Hartverchromens von Zylinderbohrungen
im Bad (SRHS = self regulating high speed-Elektrolyt)

Die Abscheidungsgeschwindigkeit ist stark abhängig von der
Elektrolytart, der Temperatur des Bades, der Stromdichte
und der Stromausbeute. Bei den üblichen Arbeitsverhält-
nissen im Bad (55°C Elektrolyttemperatur und 50 A/dm^2
kathodische Stromdichte) lassen sich Ausfällungen von
40 µm/h erreichen [12, 14]. Folglich ergeben sich im Badverfahren Beschichtungszeiten von mehr als einer Stunde,
da die Belastungen der Zylinderlaufbahn Schichtdicken von
70-100 µm verlangen [10].

Eine weitere Verlängerung der Expositionszeit ergibt sich
aus der Tatsache, daß die Sulfatelektrolyte eine äußerst
schlechte Makrostreufähigkeit besitzen. Um eine möglichst
gleichmäßige Schichtverteilung über der Mantellinie der
Zylinderbohrung zu erreichen, müssen korrigierte Anoden
eingesetzt werden [15]. Trotz dieser Maßnahme ist eine
Maßgalvanisierung nur bis zu einer bestimmten Schichtdicke
möglich, abhängig von Werkstückform und Toleranz. Die
Grenze liegt bei Hartchromschichten etwa bei 10 - 30 µm
[16]. Bei der Aufbringung der erforderlichen Gesamtschichtdicke von 70 - 100 µm differiert die Schicht meist
um 10 - 20 µm, so daß teilweise eine Abscheidung bis auf
120 µm erfolgen muß, mit entsprechender Verlängerung der
Beschichtungszeit [10].

Neben diesen meßbaren Dickenunterschieden treten chrom-
spezifische Unregelmäßigkeiten der Oberfläche in Form von
Knospen und Randverdickungen auf.

Diese Chromknospen und das Übermaß müssen nach der Beschichtung mechanisch wieder abgearbeitet werden, um Maßhaltigkeit, geforderte Formtoleranz und eine als Lauf-
partner geeignete Oberflächenausbildung zu erreichen.

Die Nachbearbeitung kann wegen der großen Härte des
Chroms nur durch Schleifen oder Honen durchgeführt werden.

Allgemein wird das Honen bevorzugt, weil durch das Innen-
schleifen oft aufgrund örtlicher Erwärmungen nicht kon-
trollierbare Schädigungen in der Chromschicht auftreten
können.

Neben den Verfahren zur Verbesserung der Ölspeicherung
des schwer benetzbaren Chroms, wie Randrieren oder Porös-
verchromen, hat sich das Honen als Finishbearbeitung auch
deshalb durchgesetzt, weil durch besondere Honverfahren
Zylinderlaufflächen mit ausgezeichneter Ölhaftung erzeugt
werden können. Erwähnt sei das Plateau-Honen, bei dem mit
Honsteinen grober Körnung vorgehont wird, also bei großem
Materialabtrag die Formverbesserung bewirkt und die Ober-
flächengrundstruktur erzielt wird. Dann wird mit feinerer
Körnung nachgehont, wobei die Oberflächenspitzen abgetra-
gen und die kleinen Plateaus mit geringer Rauhtiefe gebildet werden. Durch diese überlagerte Struktur der Honung,
siehe Bild 2, entsteht eine Laufschicht mit hohem Traganteil und guter Ölhaltung [17]. Eine ähnliche Oberflächenstruktur erzielt man mit einer kombinierten Diamant-
Keramik-Honung [18].

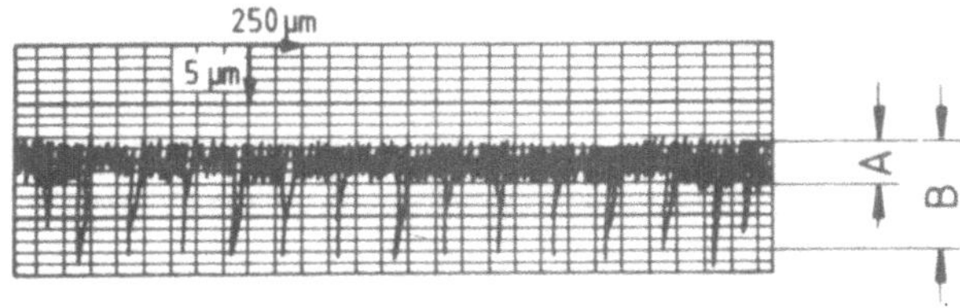

A = Bereich der tragenden Struktur
B = Grundstruktur

Bild 2: Schematische Darstellung einer plateau-gehonten
        Zylinderlaufbahn

Es bleibt festzuhalten, daß bei der Hartverchromung von
Aluminiumzylindern im Badverfahren grundsätzlich drei Arbeitsgänge durchzuführen sind:

- Chemische Vorbehandlung zur Entfettung und Entfernung der Oxydschicht

- Galvanische Beschichtung

- Mechanische Nachbearbeitung zur Erzeugung von
  Maßhaltigkeit, Formgenauigkeit und funktionsgerechter Oberflächenstruktur

Vor allem unter dem Eindruck der für die Serienfertigung
äußerst langen Beschichtungszeiten machte die Galvanotechnik große Anstrengungen um die Chromabscheidung zu intensivieren. Durch die Entwicklung neuer Elektrolyte konnte
die Stromdichte erhöht und die Abscheidungsgeschwindigkeit
teilweise verbessert werden. So wurde durch den Einsatz
von "self regulating high speed" (SRHS)-Bädern die kathodische Stromdichte auf 100 A/dm^2 und die Chromausfällung
auf ca. 100 μm/h gebracht.

Eine weitere Steigerung der Stromdichte im Badverfahren
und eine daraus resultierende schnellere Abscheidungsgeschwindigkeit erscheint aus physikalisch-elektrochemischen
Gründen begrenzt und nicht sinnvoll. Mit steigender Stromdichte wächst nämlich die Polarisation und damit verstär-
ken sich die stromhemmenden Schichten auf der Kathode, die
die Metallabscheidung sogar zum Erliegen bringen können.
Durch die Ionenauszehrung der Elektrolytschicht an der
Phasengrenze Elektrolyt-Werkstück kann die Diffusion den
Vorschub der reagierenden Ionen an die Kathode nicht mehr
gewährleisten und limitiert so die Reaktions- und Abscheidungsgeschwindigkeit [19, 20, 21, 22]. Eine Verstärkung
der Diffusion und damit ein teilweiser Abbau der Polarisationsschichten kann durch Zuführung frischen Elektrolyts
erfolgen. In den Galvanisierbetrieben versucht man des-

halb mit Rührwerken eine ausreichende Badbewegung zu erreichen. Bei der Innenverchromung erscheint die zwangsweise Durchströmung des Elektrodenzwischenraums durch den Elektrolyten aussichtsreich den Gewinnungsprozeß zu intensivieren.

Entsprechende Experimente von Sachbazov [23] zeigten, daß die Niederschlagsgeschwindigkeit aus einem strömenden Standardelektrolyten bis auf 95 μm/h bei einer Stromdichte von 180 A/dm^2 erhöht werden kann. Allerdings befriedigten die so erzeugten Schichten nicht hinsichtlich der Maßhaltung und Schichtqualität. Vor allem die mit zunehmender Stromdichte wachsende Knospigkeit und erhöhte Wasserstoffabscheidung an der Kathode führte zu verstärkter Porosität der Schichten. Deshalb empfiehlt auch Sachbazov nicht, die Stromdichte über 50 A/dm^2 zu steigern. Der angedeutete Lösungsweg, die Strömungsgeschwindigkeit von maximal 100 cm/s weiter zu erhöhen, wurde aus technisch-wirtschaftlichen Gründen nicht beschritten. Dabei wäre gerade dies eine Möglichkeit, den Abbau der stromhemmenden Schichten durch Strömungsturbulenz zu verbessern.

Safranek und Layer [24] kommen in ihren Untersuchungen zu dem Ergebnis, daß Stromdichte und Abscheidungsrate um eine Größenordnung erhöht werden können, wenn in der Nähe der Kathodenoberfläche eine turbulente Strömung vorliegt. Als Grenze für den Übergang von der laminaren zur turbulenten Strömung wird ein Strömungsgeschwindigkeitsbereich von 100 - 125 cm/s, abhängig von Oberflächentopographie, Flüssigkeitsviskosität, Art des Spaltsystems und anderen Faktoren, angegeben. Aus einem 3,0 molaren Chromelektrolyten mit Sulfatzusatz wurde bei 125 cm/s Strömungsgeschwindigkeit und einer Stromdichte von 620 A/dm^2 eine Chromabscheidung von 20 μm/min erzielt, wobei die Stromausbeute 55 % betrug. Als Optimum für die Abscheidung einer 150 μm dicken Chromschicht wird eine Stromdichte von 310 A/dm^2

angegeben, die eine Wachstumsgeschwindigkeit von 10 µm/min
ergab. Obwohl die erzielte Schichtdicke gegenüber dem konventionellen Verfahren als gleichmäßiger bezeichnet wird,
beträgt die Schichtdickenstreuung immer noch bis zu ± 15 %.

Die folgerichtigen Überlegungen zur gezielten Aktivierung
der Kathodenfläche während der Beschichtung stellte Eisner
[21, 25] an. Durch Zugabe von kleinen abrasiven Teilchen
zum strömenden Elektrolyten (NET II = Norton Elektrode-
position Technique) konnte er aus dem Standardelektrolyten
bei 60°C etwa 6,4 µm/min abscheiden. Die Stromdichte betrug 2370 A/dm^2. Durch Überschleifen mit einer Schleif-
scheibe oder einem Schleifband während der Schichtabschei-
dung (NET I) konnten nach seinen Angaben sogar Ausfällge-
schwindigkeiten von 76 µm/min erreicht werden. Das Verfahren NET I zeichnet sich vor allem dadurch aus, daß die
abrasiven Teilchen auf einem festen Träger aufgebracht sind
und dadurch Form und Oberfläche gezielt beeinflußt werden
kann.

1.3 Erkenntnisstand beim Hone-Forming

Zur Lösung der angesprochenen Probleme bei der Hartverchromung von Aluminiumzylindern wird ein Verfahren benötigt, das folgenden Forderungen genügt:

- Hohe Abscheidungsgeschwindigkeit durch einen
  strömenden Elektrolyten und gezielte Aktivierung
  der Zylinderoberfläche.

- Gewährleistung eines gleichmäßigen Schichtwachstums zur Erzielung der geforderten Maß- und Formgenauigkeit.

- Ausreichende Oberflächenbearbeitung zur Erreichung
  einer guten, ölhaltenden Lauffläche.

Im Jahre 1972 wurde von der Firma Micromatic Industries/
uc. Holland, USA ein neues Fertigungsverfahren zur elektrolytischen Abscheidung von Metallschichten in Bohrungen
unter der Bezeichnung "Hone-Forming" vorgestellt [26, 27].

Das Verfahren verbindet das mechanische Honen (Langhub-
honen) mit einem elektrolytischen Werkstoffauftrag zu
einer Verfahrensstufe und kann als EC-Honen mit umgekehr-
ter Polung betrachtet werden. Als deutsche Bezeichnung
wird "Galvanisches Auftragshonen" vorgeschlagen.

In Anlehnung an die VDI-Richtlinie 3401 [28] kann folgende Verfahrensdefinition gegeben werden: "Galvanisches
Auftragshonen ist die Kombination von elektrolytischem
Auftragen und mechanischem Zerspanen mittels Honsteinen.
Der elektrolytische Auftrag erfolgt zwischen den Elektro-
denflächen aus dem strömenden Elektrolyten, wobei gleichzeitig mit Honsteinen mechanisch zerspant wird."

Die Einordnung in die Systematik der Fertigungsverfahren
nach DIN 8580 [29] muß in der Hauptgruppe 5 "Beschichten",
Gruppe 5.3 "Beschichten aus dem ionisierten Zustand durch
elektrolytisches oder chemisches Abscheiden" vorgenommen
werden.

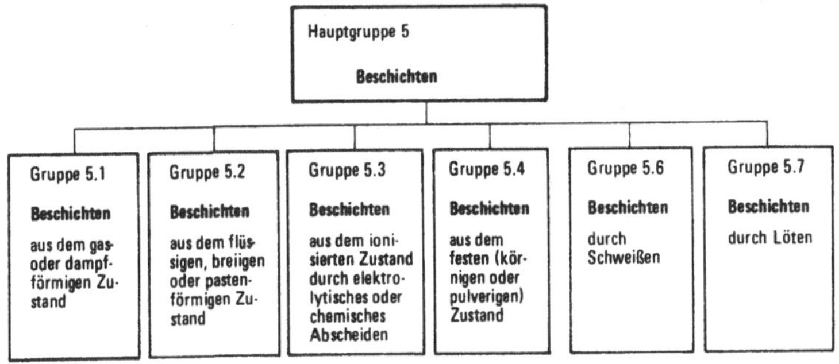

<u>Bild 3</u>: Einordnung des Galvanischen Auftragshonens in
DIN 8580, Teil 2

Die Verbindung der beiden Verfahrenskomponenten Zerspanen
und Beschichten erfolgt im Werkzeug, der Honahle. Sie ist
Träger der Schneidelemente und gleichzeitig Elektrode für
den elektrolytischen Materialauftrag. Das Wirkmedium, der
Elektrolyt, durchströmt den Wirkspalt zwischen Honahle
und kathodisch gepoltem Werkstück. Der Schichtbildner ist
im Elektrolyten enthalten und wird durch die Elektrolyse
auf dem Werkstück abgeschieden.

Micromatic schlägt z.B. folgenden Arbeitsablauf vor
[30, 31]: Im 1. Arbeitsgang wird das Werkstück etwa 10 s
mechanisch gehont, um die Oberfläche von Oxyden und Verunreinigungen zu befreien. In der 2. Stufe wird durch Anle-
gen der Gleichspannung zwischen Werkstück (Kathode) und
Honahle (Anode) bei gleichzeitigem Honen das Metall aus
dem Elektrolyten auf die Bohrung aufgetragen. Im 3. Arbeitsgang wird nach Abschalten des Stroms auf Maß fertig-
gehont.

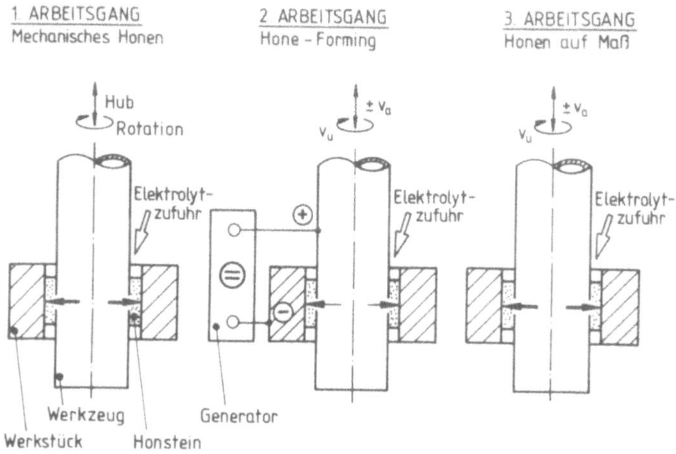

Bild 4: Hone-Forming-Arbeitsablauf

Die Honbearbeitung während des Schichtaufbaus bewirkt das
geforderte schnelle und gleichmäßige Schichtwachstum und
das Honen auf Maß trägt dazu bei, die gewünschte maßliche
Genauigkeit und die erforderliche Oberflächengüte zu erreichen.

Deshalb wird es mit dem Hone-Forming möglich, auch eine
Maßgalvanisation dicker Schichten vorzunehmen und z.B.
die Hartverchromung von Zylindern auf einer Maschine in
einer Aufspannung durchzuführen.

Das Erstaunliche am Hone-Forming ist das schnellere
Schichtwachstum trotz überlagerter Abtragung durch die
zerspanende Komponente. Durch die Mitwirkung der Schneidkörner der Honsteine während des Schichtaufbaues kann die
zu beschichtende Oberfläche, wie bei den Versuchen von
Eisner, gezielt aktiviert werden. Die bei der Elektrolyse
entstehenden Reaktionsgase erhöhen die Polarisierungs-
spannung und damit den Übergangswiderstand zwischen der
Elektrolytlösung und den Elektroden. Da aber durch die
Honleisten der Gasfilm (cathodic laminar film) ständig
entfernt wird, kann der Strom besser übertreten. Höhere
Stromdichten sind umsetzbar und ermöglichen ein schnelle-
res Schichtwachstum. Ein Vergleich der Auftragsgeschwindigkeit beim Hone-Forming und Badgalvanisieren ist in
Bild 5 möglich.

Für Chrom gibt Micromatic selbst 17 - 20 µm/min an. Leider
ist unbekannt, welche Elektrolytzusammensetzung verwendet
wurde; der Vergleich mit der Ausfällgeschwindigkeit von
0,7 µm/min aus dem Bad mit Standardelektrolyt würde eine
Steigerung um das 28fache bedeuten. Interessant ist, daß
in einer neueren Veröffentlichung [34] die Abscheidungsgeschwindigkeit von Chrom auf 2,5 - 7,7 µm/min zurückgenom-
men wird. Für den verwendeten Chromelektrolyten wird
Sulfatbasis angegeben.

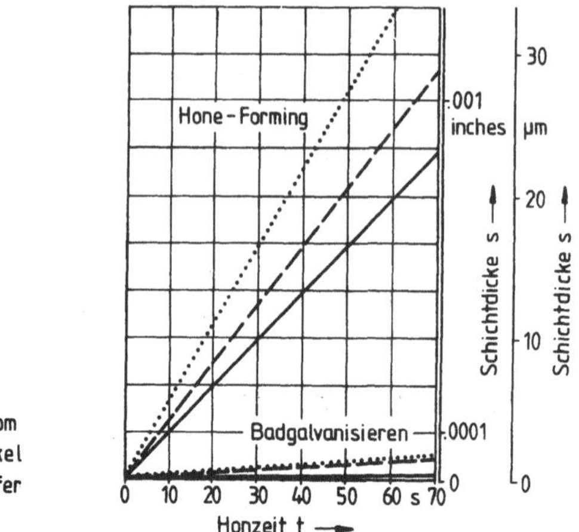

Bild 5: Vergleich der Auftragsgeschwindigkeit beim Hone-Forming und Badgalvanisieren [32, 33]

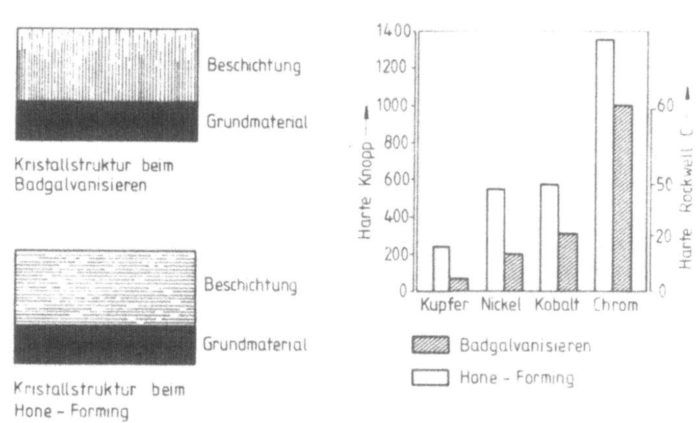

Bild 6: Vergleich der Kristallstruktur und Härte beim Hone-Forming und Badgalvanisieren [30, 32, 34, 35]

Neben der Vervielfachung der Auftragsgeschwindigkeit soll sich durch die mögliche höhere Stromdichte und die über-

lagerte mechanische Bearbeitung aber auch das Abscheide-
verhalten des Metalls ändern. Aus dem geänderten kristallographischen Aufbau, wie in Bild 6 dargestellt, resultiert eine Steigerung der Härte und eventuell durch den
lamellaren Charakter der Beschichtung eine Verbesserung
der Verschleißeigenschaften [30, 32, 35, 36].

In den Veröffentlichungen über das Hone-Forming fehlen Angaben über fast alle wichtigen Bearbeitungsparameter.
Keinerlei exakte Hinweise auf gewählte Elektrolysebedingungen, bestgeeignete Honparameter oder Zusammensetzung
der verwendeten Elektrolyte. Zwar sind aus der Maschinen-
beschreibung der entwickelten Hone-Forming-Maschine [37]
oder aus [34] einige Größen zu entnehmen, eine aussage-
kräftige Zuordnung zu den angegebenen Abscheidungsgeschwindigkeiten oder sogar auf erzielte Schichteigenschaften ist
jedoch nicht möglich. Die bisherigen Hone-Forming Ergebnisse sind deshalb wissenschaftlich nicht auswertbar und
für einen möglichen Anwender nicht nutzbar.

Grundsätzlich lassen sich alle galvanisch abscheidbaren
Metalle und Legierungen mit dem Hone-Forming auf leitende
Grundwerkstoffe aufbringen, auch Chrom auf Aluminium.
Aber gerade bei Chrom wird immer wieder darauf verwiesen,
daß die Entwicklungen und Untersuchungen nicht abgeschlos-
sen sind [35, 38]. Dabei ist gerade Hartchrom wegen seiner kleinen Abscheidungsgeschwindigkeit und großen Anwen-
dungsbreite für den Einsatz von Hone-Forming prädesti-
niert.

Dies erkannte auch Fragin [39], der die technologischen
Möglichkeiten des Hone-Forming zur Maßausfällung von Chrom
auf Proben aus Gußeisen und Stahl im Labormaßstab unter-
suchte. Erstmals werden genaue Bearbeitungsparameter angegeben, zusammen mit der notwendigen Zuordnung von Stromdichte und Ausfällgeschwindigkeit.

Stromstärke	Stromdichte	Bearbeitungs-dauer	Änderung der Proben-masse	Stromaus-beute	Auflagen-dicke	Ausfällge-schwindigkeit
A	A/dm^2	min	g	%	µm	µm/min
16	89	20	0,2665	15,5	20,7	1,035
48,5	270	15	1,3513	34,4	105	7,0
105	583	10	2,9029	51,2	225,5	22,6
150	883	5	2,6338	65	205	41,0

<u>Tabelle 2:</u> Versuchsergebnisse von Fragin [39]

Die Chromabscheidung erfolgte aus einem 55 - 60°C Hartchrom-
Standard-Elektrolyten, der den zwischen 1 und 4 mm vari-
ierten Wirkspalt mit etwa 1 m/s durchströmte. Der Druck
der Honsteine im Ausfällprozeß betrug 0,4 - 0,7 kp/mm^2.
Die erzielte Oberflächen-Mikrounebenheit der Schicht war
0,2 - 0,3 µm. Chromüberzüge, die bei Stromdichten bis
500 A/dm^2 und Elektrolytströmungsgeschwindigkeiten von
1 m/s abgeschieden wurden, werden als befriedigend bezeichnet. Der Aufbau einer Maschine, die industriellen Maßstäben
standhält, ist angekündigt.

Über die direkte Chromabscheidung auf Aluminium als Grundwerkstoff durch Hone-Forming ist wenig bekannt. Reichard
[34] teilt dazu mit, daß eine direkte Abscheidung auf
die Aluminiumoberfläche mit Hone-Forming nicht möglich
ist. Es wird vielmehr vor dem Hone-Forming eine Zinkat-
Vorbehandlung durchgeführt und eine Zwischenschicht aufgebracht, um eine ausreichende Haftung zu bekommen.
Micromatic stellt z.B. nach dem Transplantverfahren vor
der Verchromung eine Stahlschicht auf dem Aluminium her.
Ein Abschnitt aus einer so beschichteten Wankeltrochoide
wurde untersucht [40]. Bei einer Schichtdicke der gespritz-
ten Stahlschicht von ca. 1 mm und einer Chromschicht von
80 µm wurde eine gute Bindung beider Schichten festgestellt. Die Chromschicht wies Makrorisse auf, die bis zur
Stahlschicht reichten. Die Oberflächenrauheit betrug im
Mittel R_t = 10 µm oder R_a = 1,1 µm. Die Abweichung der
Mantellinie von einer Geraden war 0,015 mm, wobei der

Wulst am Rand nicht berücksichtigt wurde.

Allgemein kann festgestellt werden, daß die mit Hone-Forming erzeugten Schichten den Anforderungen der Anwender-
industrie, insbesondere der Automobilfirmen, nicht gerecht
wurden. Trotz der starken Verkürzung des galvanischen Prozesses ist nämlich heute nur eine Hone-Forming Maschine
bekannt, die in der Serienfertigung im Einsatz ist (Bronze-
beschichtung der Hydraulikzylinder einer Axialkolbenpumpe
[32]).

Ursache dafür ist, daß die Komplexität eines Fertigungs-
verfahrens natürlich mit der Anzahl seiner Komponenten
und Einflußgrößen wächst. Durch die Verknüpfung zweier
in der Auswirkung sogar gegenläufiger Technologien, dem
Schichtaufbau durch die Elektrolyse und dem Schichtabbau
durch die Zerspanung, wird der kontrollierte Fertigungs-
ablauf sehr erschwert. Erst durch eine systematische Untersuchung der einzelnen Versuchsgrößen auf wissenschaft-
licher Basis kann diesem faszinierenden Fertigungsverfahren eine Grundlage gegeben werden, auf der die industrielle
Anwendung erfolgen kann.

1.4 Aufgabenstellung

Das Ziel der vorliegenden Arbeit ist die Schaffung der technologischen Grundlagen zur direkten galvanischen Abscheidung von Chrom auf Aluminiumzylindern durch Galvanisches Auftragshonen.

Gerade Chrom ist wegen seines langsamen und ungleichmässigen Schichtwachstums für den Einsatz des Galvanischen Auftragshonens interessant. Als Grundwerkstoff wurde deshalb Aluminium gewählt, weil die Hartverchromung dieses Materials durch Galvanisches Auftragshonen bisher nicht gelöst ist und sich durch das Vordringen des Leichtmetalls im Verbrennungsmotorenbau ein breites Anwendungsspektrum ergibt.

Zur Durchführung der experimentellen Untersuchungen muß eine Versuchsanlage erstellt werden, die das Galvanische Auftragshonen im industriellen Maßstab erlaubt.

Die Auswirkung der elektrolytischen und mechanischen Einflußgrößen beim Galvanischen Auftragshonen auf das Arbeitsergebnis ist grundsätzlich zu klären. Insbesondere soll der Einfluß des strömenden Elektrolyten sowie der überlagerten Zerspanung auf den Abbau der stromhemmenden Schichten und damit auf die Intensivierung der Chromabscheidung untersucht werden.

Die Honbearbeitung während des Schichtaufbaus soll ein gleichmäßiges Schichtwachstum ermöglichen, so daß eine ausreichende Formgenauigkeit bei gleichzeitiger Maßbehaftung erreicht werden kann. Bestimmend für die Größe eines Formfehlers bei Bohrungen sind die Abweichungen von der Kreis- und Zylinderform.

Darüber hinaus muß durch die Mitwirkung des Schleifmittels

eine für Verschleißvorgänge geeignete Oberflächentopographie erzeugt werden, die auch den Anforderungen der Ölspeicherung genügt.

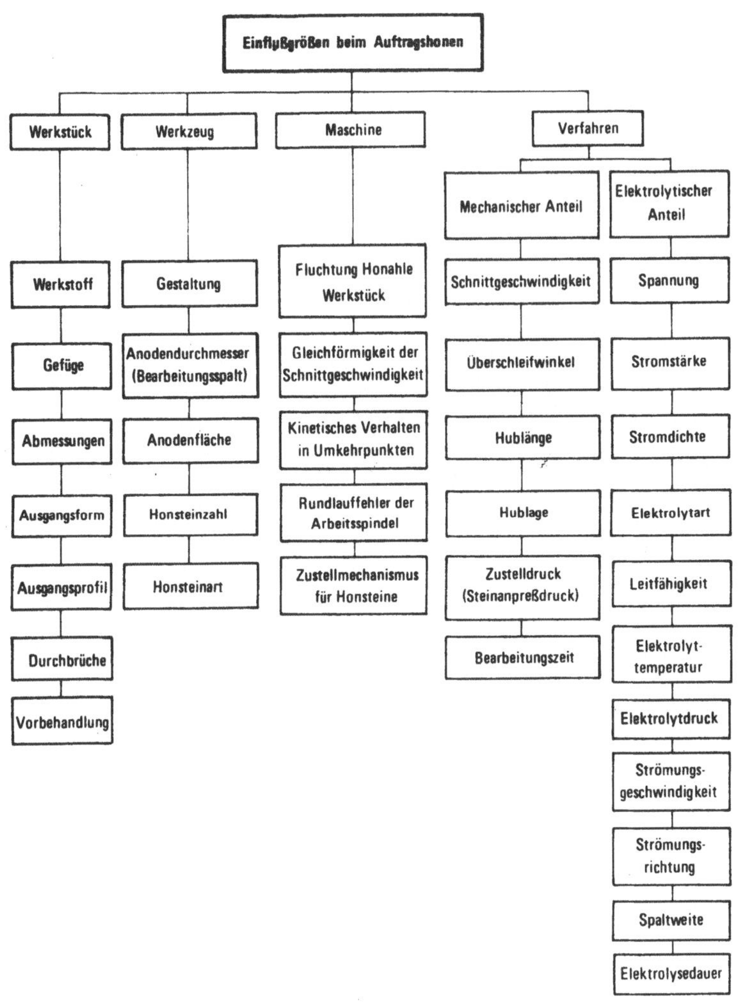

Bild 7: Einflußgrößen beim Galvanischen Auftragshonen

Da die Stromdichte beim Galvanischen Auftragshonen erheblich höher ist als bisher in der Galvanotechnik üblich, wird ein Beitrag zur angewandten Elektrochemie bei erhöhten Stromdichten und damit zur galvanischen Schnellabscheidung erwartet. Außerdem soll der Einfluß der überlagerten Zerspanung auf den Mechanismus der Schichtbildung sowie auf den kristallographischen Aufbau geklärt werden.

Die erzeugte Schicht muß den im Motorenbau gestellten Anforderungen hinsichtlich Verschleiß, Temperaturbelastbarkeit und Haftung genügen.

2. VERSUCHSEINRICHTUNGEN UND MESSVERFAHREN

2.1 Versuchsanlage Galvanisches Auftragshonen

Zur Durchführung der Versuche wurde die Versuchsanlage
Galvanisches Auftragshonen erstellt. Die Anlage gliedert
sich in drei Bereiche:

- Honmaschine
- Stromversorgung
- Elektrolytsystem

Der Kellerraum unter dem in Bild 8 dargestellten Versuchs-
stand wurde als Säureraum ausgebaut.

Bild 8: Versuchsanlage Galvanisches Auftragshonen

Honmaschine

Den Mittelpunkt der Anlage stellt eine konventionelle Lang-
hub-Honmaschine mit vertikaler Spindel der Firma Gehring,
Typ 1 Z 250-122 dar. Technische Daten:

Spindelmotor	:	3,7 kW
Hydraulikmotor für Hubtrieb:		3,0 kW
Hublänge	:	15... 262 mm
Hubgeschwindigkeit	:	0...0,35 m/s
Drehzahl	:	85... 400 U/min
Zustelldruck	:	0... 110 N/cm^2

Der Spindelantrieb erfolgt elektrisch über ein stufenloses
Stöber-Getriebe. Der Motor ist polumschaltbar. Die Hubbewegung wird hydraulisch erzeugt, und die Bewegungsrichtung
über Nocken und ein entsprechendes Wegeventil umgesteuert.
Der Umsteuervorgang kann mit Hilfe einer verstellbaren
Drossel zeitlich verändert werden, so daß man bei höheren
Bearbeitungsgeschwindigkeiten die Massenkräfte in axialer
Richtung reduzieren kann. Die Hubgeschwindigkeit ist mit
einer im Sekundärkreislauf befindlichen Drossel kontinuierlich veränderbar. Die Pumpe zur Erzeugung des Zustelldrucks für das Werkzeug ist an die Welle der Hubpumpe ge-
flanscht und wird somit vom gleichen Motor angetrieben.
Es können zwei verschiedene Zustelldrücke durch Druckbe-
grenzungsventile eingestellt und über zusätzlich ange-
brachte Präzisionsmanometer genau abgelesen werden. Die
zeitliche Folge der Zustelldrücke kann über Zeituhren vor-
gewählt werden, so daß das Druckprogramm automatisch abläuft. Außerdem verfügt die Maschine über einen zeitge-
steuerten Ausfeuerzyklus. Der Hydraulikzylinder, der das
mechanische Zustellsystem betätigt, befindet sich im
Spindelkopf und wird über Schläuche versorgt.

Zum Galvanischen Auftragshonen wurde die Maschine mit folgenden Ergänzungen und Zusatzeinrichtungen ausgerüstet:

- Alle Teile, die mit der Elektrolytlösung in Berührung kommen könnten, wurden aus korrosionsfesten Werkstoffen hergestellt oder mit einem Säureschutzanstrich (Neoresista LT 5) versehen.

- Das Werkzeug und das Werkstück wurden gegenseitig sowie gegen die Maschine elektrisch isoliert.

- Der Strom wird einerseits über Kupferbacken, Schleifring und Honknüppel auf die Honahle übertragen, andererseits direkt auf die Spannvorrichtung.

- Im Arbeitsraum der Maschine wurde eine PVC-Wanne installiert, die den Elektrolyt-Leckstrom der Spannvorrichtung sammelt, von wo er zurück zum Elektrolytbehälter im Säureraum fließt.

- Außerdem wurde der Arbeitsraum mit einem Plexiglas-Spritzschutz umgeben.

- Die Maschine wurde in eine Maschinenwanne gesetzt mit direktem Ablauf in einen Entsorgungsbehälter im Säureraum.

- Die bei der Elektrolyse entstehenden Gase (H_2, O_2) und Elektrolytnebel werden aus dem Arbeitsraum durch eine Absaugung über einen Chromabscheider entfernt.

Stromversorgung

Die Stromversorgung der Anlage mit geglättetem Gleichstrom erfolgt über einen Galvanik-Selengleichrichter mit Öl-selbstkühlung Fabrikat AEG, Typ TND 12/1500 chro.mod. Die Spannung ist durch motorische Verstellung des Stelltransformators stufenlos von 0 bis 12 V regelbar. Die maximale Stromstärke im Dauerbetrieb beträgt 1500 A.

Das Werkzeug, also die Honahle, wird anodisch an den
Gleichrichter angeschlossen, während das Werkstück kathodisch gepolt ist.

Elektrolytsystem

Aufgrund der Aggressivität der Galvano-Elektrolyten wurde
die Elektrolytversorgung als geschlossener Kreislauf ausgeführt.

Die Art der Elektrolyten ist entscheidend für die Auswahl
des Materials für das Rohrleitungssystem. Die vorgesehene
Hartverchromung von Aluminium-Zylindern wird mit dem
Hartchrom-Standard-Elektrolyten durchgeführt.

Die Arbeitstemperatur des Elektrolyten liegt bei 50 - 60°C,
der Betriebsdruck beträgt bis zu 6 bar. Zusammen mit der
äußerst starken chemischen Aggressivität der Chromsäure,
ergeben diese Arbeitsbedingungen eine extreme Beanspruchung des Rohrleitungssystems.

Um metallische Verunreinigung des Elektrolyten von vornherein zu vermeiden, sollten Kunststoffrohre verwendet
werden. Für konventionelle PVC- oder PP-Rohrsysteme wollte
jedoch keine Herstellerfirma die Garantie für diese Beanspruchung übernehmen.

Kunststoffausgekleidete Rohre, z.B. PTFE-Auskleidung, bieten zwar die Gewähr für chemische Beständigkeit, bringen
jedoch auch vielfältige Probleme bei der Montage mit sich.
So fiel die Wahl schließlich auf das neue Rohrleitungssystem SYGEF der Firma Georg Fischer aus Polyvinyliden-
fluorid (PVDF).

Eine Chemie-Kreiselpumpe Fabrikat Sondermann, Typ
BN 32-200/SPK mit einer Antriebsleistung von 7,5 kW
drückt den Elektrolyt zur Bearbeitungsstelle in der Hon-

maschine. Die maximale Förderleistung beträgt 5,55 l/s
bei 5 bar. Die Druckeinstellung sowie die Steuerung der
Durchflußmenge kann über zwei Membranventile vorgenommen
werden, einerseits als Drosselung, andererseits durch den
Bypaß. Die Grenzwerte für den stufenlos verstellbaren Durch-
fluß betragen 0,28 l/s und 5,55 l/s. Der PP-Elektrolyt-
behälter faßt 100 l und ist zur Temperaturregelung des
Elektrolyten mit 3 Badwärmern Fabrikat Rotkappe, Typ
PS 500 und mit einem Thermostat sowie mit einer Kühlschlan-
ge aus Bleirohr ausgerüstet.

Pumpe und Elektrolytbehälter sind im Säureraum im Keller
unter der Honmaschine untergebracht. So wird eine Gefähr-
dung des Bedienungspersonals bzw. benachbarter Maschinen
durch aggressive Dämpfe ausgeschlossen.

2.2 Werkzeug und Werkstückspannung

Durch den Einsatz von Chromsäure als Elektrolyt ergaben
sich auch große Probleme bei der Werkstoffauswahl für das
Werkzeug und die Werkstückspannvorrichtung. Die Werkstoff-
palette wird durch folgende Anforderungen stark einge-
schränkt:

- Chemische Beständigkeit gegen Chromsäure auch
  bei hohen Temperaturen und Drücken

- Gute elektrische Leitfähigkeit

- Geringe oder gar keine anodische Löslichkeit bei
  der Elektrolyse mit Chromsäure-Elektrolyt als
  Wirkmedium

- Ausreichende mechanische Eigenschaften

Stromleitende Teile, die in direktem Kontakt mit der
Chromsäure stehen, müssen aus Titan, Platin oder Blei her-

gestellt werden. Für sonstige Konstruktionsteile kann
Kunststoff z.B. PVC, PTFE oder PVDF eingesetzt werden. Für
mechanisch stark beanspruchte Teile kommt auch säurebe-
ständiger Stahl in Frage, der aber mit einem zusätzlichen
Schutzanstrich versehen wurde. Insgesamt kommen beim Auftragshonen Materialien zum Einsatz, die im Bereich des
Honens neu sind, da sie bei Konstruktionen für das mechanische Honen nicht verwendet werden.

<u>Werkzeug</u>

In der Auftrags-Honahle sind beide Bearbeitungskomponenten
integriert - sie stellt sowohl den Träger der mechanischen
Honleisten als auch die Elektrode dar.

Bei der Gestaltung der Honahle muß folgenden gegenläufigen
Einflüssen Rechnung getragen werden: Eine Vergrößerung der
Honleistenanzahl ergibt eine Verbesserung der Rundheits-
korrektur [41], gleichzeitig aber auch eine Verkleinerung
der aktiven Anodenfläche zur Stromübertragung. Die Honahle
wurde deshalb als Vierleistenhonahle ausgebildet und bietet so die Gewähr für eine möglichst gute Formkorrektur
bei rascher Schichtaufbringung.

Die Honahle wurde nach dem von Krawitz [42] für eine
EC-Honahle vorgeschlagenen Hülsenprinzip konstruiert. Sie
läßt sich, wie Bild 9 zeigt, in drei Bereiche unterteilen:
Den Grundkörper, die Honleistenträger mit dem Aufweitme-
chanismus und die Anodenhülse.

Der Grundkörper wurde aus Titan gefertigt, da es bei ano-
discher Polung im Chromelektrolyten nicht angegriffen
wird [12] und außerdem Gewichtsvorteile bringt. Die Anodenhülse stellt die eigentliche Wirkfläche dar, an der
der Stromübertritt erfolgt. Vor allem unter dem Gesichtspunkt der Rückoxidation des dreiwertigen Chroms wurde als

Material Hartblei verwendet. Das üblicherweise bei der
Verchromung als Anodenwerkstoff eingesetzte Reinstblei
kann hier aus Festigkeitsgründen nicht benutzt werden.

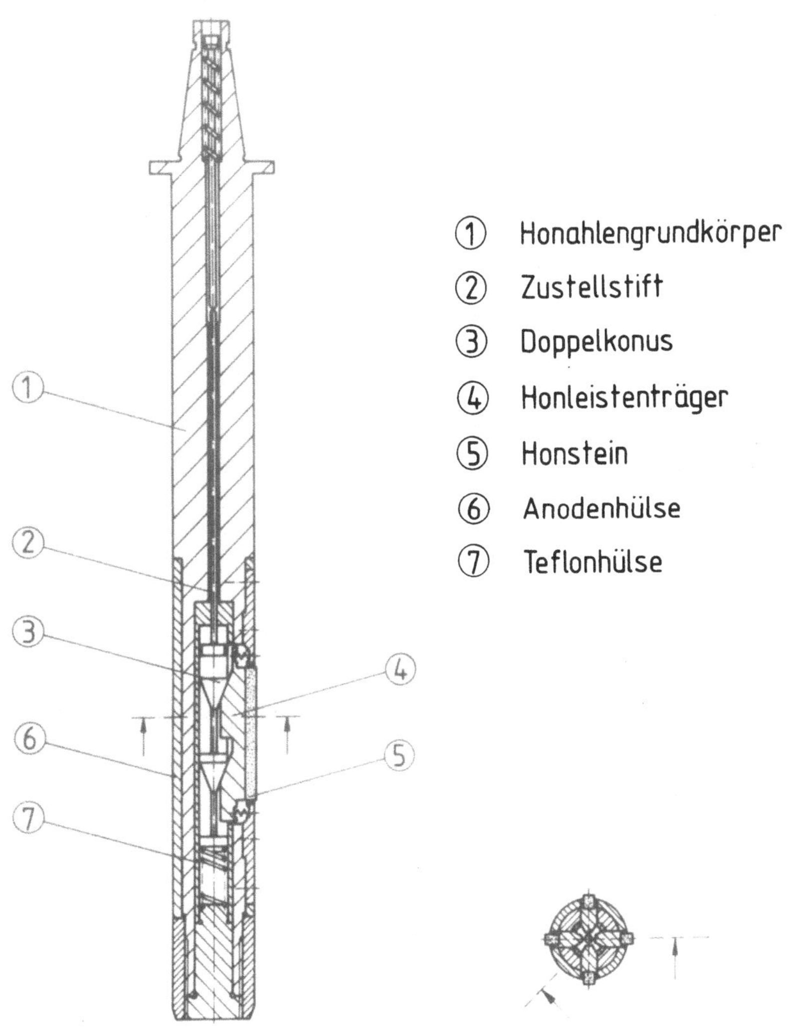

Bild 9: Auftrags-Honahle mit Anodenhülse

Die Gestaltung der Anodenfläche in Form einer Hülse bietet
die folgenden Vorteile:

- Beim Auftreten von Schäden durch Kurzschluß bzw.
  mechanische Beschädigung kann die Hülse leicht und
  schnell ausgewechselt werden. Sie ist mit einem
  fertigungstechnisch geringen Aufwand herzustellen.

- Die Hülse stellt die größtmögliche Anodenober-
  fläche bei vorgegebenem Durchmesser dar.

- Die Hülse bietet die Möglichkeit den Durchmesser
  der Honahle und damit den Bearbeitungsspalt in gewissen Grenzen leichter zu variieren.

Der Zustellmechanismus entspricht konstruktiv dem einer
konventionellen Honahle. Der auf den Zustellstift hydraulisch aufgebrachte Druck wird über zwei 45°-Konen form-
schlüssig auf die Honleistenträger und damit auf die Honsteine übertragen. Auch der Doppelkonus und die Honleistenträger sind aus Titan gefertigt. Da Titan auf Titan
eine schlechte Reibpaarung ist, werden Zustellstift und
Doppelkonus in Teflonhülsen geführt; die Honleistenträger
wurden mit einer 5 µm dicken Platinschicht versehen.

Der Verminderung der Reibung des Aufweitmechanismusses
kommt überhaupt entscheidende Bedeutung zu, da die Honsteine während des Schichtwachstums entgegen dem aufgeprägten Zustelldruck zurückweichen müssen. Vor allem darf
keine Selbsthemmung auftreten, da dadurch der weitere
Schichtaufbau verhindert werden würde.

Andererseits muß der Zustelldruck so groß und so genau
gesteuert werden können, daß die Honsteine einwandfrei an
der Zylinderwand anliegen.

Die Honsteine haben beim Galvanischen Auftragshonen folgende Aufgaben zu erfüllen:

- Zentrierung der Honahle in der Bohrung

- Mitwirkung bei der Formkorrektur

- Gewährleistung einer gleichmäßigen Schichtdicke und der Maßhaltigkeit

- Erzeugung einer geeigneten Oberflächenstruktur

- Gezielte Aktivierung der Oberfläche durch periodische Entfernung der kathodischen Polarisationsschichten

Als Schleifmittelmaterial wurde Spezialkorund gewählt, da er sich gegenüber dem Edelkorund durch größere Härte und geringere Sprödigkeit auszeichnet [43]; die Bindung war keramisch.

Honsteinart   :   KS 180/2/35 ke

Honsteinabmessungen: 60 x 6 x 6

Die Körnung 180 wurde von vornherein so festgelegt, weil sie sich bei der Bearbeitung von Chromlaufbahnen in der betrieblichen Praxis bewährt hat und zur Erreichung der geforderten Oberflächengüte ausreichend ist [44]. Die Honsteinlänge wurde entsprechend dem Erfahrungswert des mechanischen Honens für Durchgangsbohrungen mit 2/3 der Bohrungslänge gewählt [17].

Zum Aufkleben der Honsteine auf die Honleistenträger hat sich Gussolit Gupalon 20 bewährt, während die üblichen Klebstoffe auf Basis Phenolharzpulver versagen.

Werkstückspannung

Die vollkardanische Vorrichtung zur Werkstückspannung ist
speziell auf das Bearbeitungsbeispiel, einen Zweitakt-
Zylinder, abgestimmt. Sie übernimmt folgende Funktionen:

- Ausgleich des Achsversatzes zwischen Bohrungsmitte
  und Spindelachse durch zwei translatorische und zwei
  rotatorische Freiheitsgrade.

- Zentrierung und Spannung des Werkstückes.

- Stromübertragung auf das Werkstück durch hochflexible
  Kabel.

- Gezielte Zu- und Abführung des Elektrolyten in und
  aus dem eigentlichen Bearbeitungsraum, nämlich die
  Elektrolysezelle zwischen Werkstück und Honahle.

- Abdichtung der Elektrolysezelle nach außen.

Besondere Bedeutung für die Formkorrektur und ein gleichmäßiges Schichtwachstum kommt dem Ausgleich des Fluchtungs-
fehlers zu. Die translatorischen als auch die rotatorischen
Freiheitsgrade sind durch Führungszapfen, die sich in Ku-
gelrollbüchsen drehen und verschieben lassen, verwirklicht.

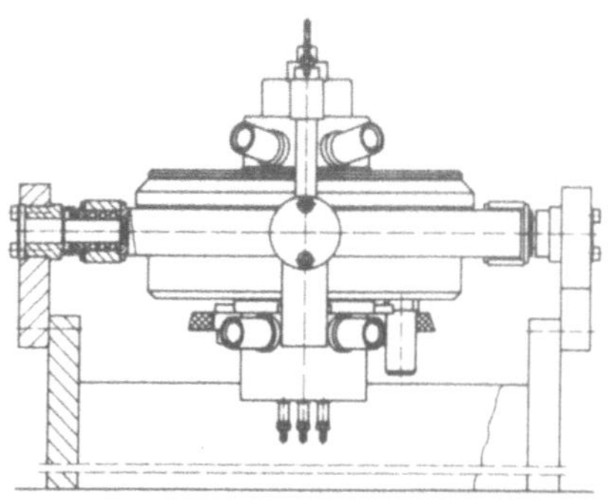

Bild 10: Kardanische Werkstückspannvorrichtung

Gesamt-Versuchsaufbau

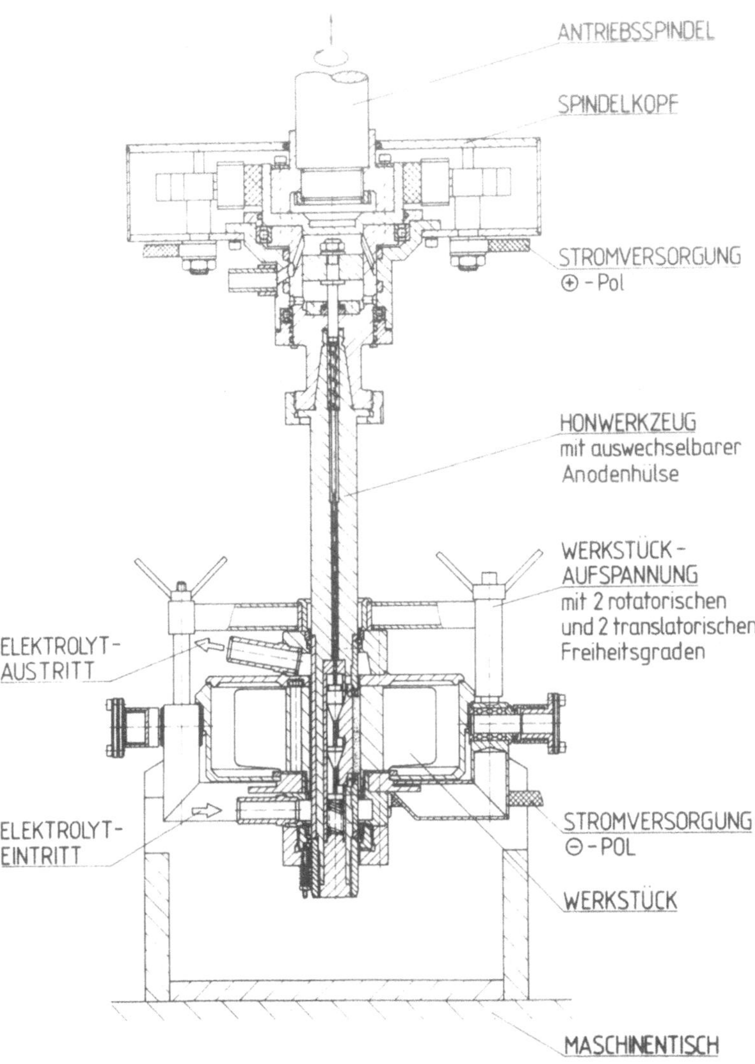

Bild 11: Versuchsaufbau mit Spindelkopf, Honahle und
Spannvorrichtung

Bild 11 zeigt den Versuchsaufbau mit Spindelkopf, Honahle
und Spannvorrichtung. Die Stromübertragung auf die Honahle
erfolgt über Schleifringe - auf das Werkstück durch hochflexible, säurefest isolierte Cu-Kabel. Die Kontaktierung
muß äußerst sorgfältig ausgeführt werden, da schon gering-
fügige Erhöhungen des Leitungswiderstandes dazu führen,
daß die vorgesehene Stromstärke nicht erreicht wird. Außerdem kann es beim Durchgang hoher Ströme bei erhöhtem Kon-
taktwiderstand zu starker Erhitzung kommen. Der Wirkspalt
zwischen Honahle und Werkstück wird durch PVC-Gewebeschläu-
che mit Elektrolyt versorgt. Die Durchströmung des Spaltes
in verschiedenen Richtungen ist möglich. Der Abdichtung
des Spindelkopfes wurde besondere Aufmerksamkeit geschenkt,
weil schon Spuren von Hydrauliköl im Elektrolyten den galvanischen Prozeß anhalten können.

2.3 Versuchswerkstücke

Als Versuchswerkstück wurde ein Leichtmetall-Niederdruck-
guß-Zylinder mit 40 mm Bohrungsdurchmesser verwendet. Es
handelt sich dabei um einen Durchgangszylinder, also bei-
derseits offen, für einen 50 cm^3 Zweitakt-Motor. Der Zylin-
derwerkstoff ist die MAHLE-Legierung 124. Bild 12 zeigt das
Versuchswerkstück, die Abmessungen im Anlieferungszustand
sowie die nach der Verchromung geforderten Maße und Tole-
ranzen und die chemische Zusammensetzung der Al-Si-Legierung.

Der nach der Verchromung gemessene Durchmesser d_2 wird als
Nenndurchmesser bezeichnet; sein minimaler Wert wird für
die Einordnung des Zylinders in die Klassifizierungsgrup-
pen verwendet, die eine Stufung von 5 µm auf den Durchmesser haben. Angestrebt werden soll ein Nenndurchmesser
von 40,000 mm; wenn man die Durchmesserzunahme durch die
chemische Vorbehandlung einrechnet, muß eine 75 µm dicke
Schicht abgeschieden werden. Die kleinste örtliche Schicht-

dicke darf nicht unter 50 μm betragen. Die Zylindrizitätsabweichung soll höchstens 12 μm und die Abweichung von der
Rundheit maximal 8 μm erreichen. Das Genauigkeitsniveau
der verchromten Zylinderbohrung entspricht IT 6 nach DIN
7151 [45]. Die geforderte Oberflächenstruktur der Chromschicht verlangt eine maximale Rauhtiefe von 2,5 μm im Tragbereich; als mittlere Tiefe der Ausreißer der Plateauhonung
sind 10 μm zulässig. Bei der Verschiebung des Bezugsprofils
um 2,5 μm soll der Traganteil 65 - 90 % betragen.

Die 84 mm lange Zylinderbohrung wird durch Einlaß-Auslaß-
und zwei Überströmkanäle unterbrochen. Als zu beschichtende
Mantelfläche verbleiben 0,91 dm^2. Die Versuchszylinder wurden einer Serie entnommen, die für die konventionelle Badverchromung vorgesehen war.

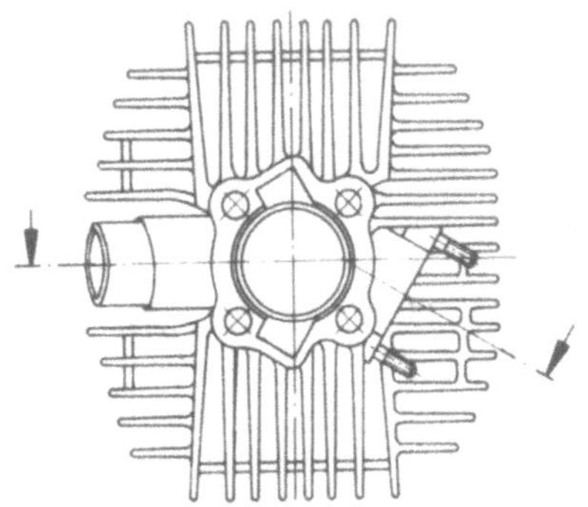

Leg. 124		AlSi12CuMgNi
Si	%	11–13
Cu	%	0,8–1,5
Mg	%	0,8–1,3
Ni	%	< 1,3
Fe	%	< 0,7

		Verchromung	
		vor	nach
d_1	mm		$d_2 \pm 0,005$
$d_2 = d_N$	mm	$40,14^{-0,02}$	40,000
d_3	mm		$d_2 + 0,015$
R	μm	6–10	6–8
R_{t_A}	μm		< 2,5
R_{t_B}	μm	3–7	< 10

Bild 12: Abmessungen und chemische Zusammensetzung des
Versuchswerkstückes

2.4 Erfassung des Arbeitsergebnisses

Bei der Erfassung des Arbeitsergebnisses müssen alle wichtigen Größen, die die Funktionstüchtigkeit des Zylinders
im Motor charakterisieren, mit in die Untersuchung eingebracht werden.

So muß das Schichtwachstum der Chromschicht erfaßt werden,
um die Bildung einer genügend dicken Verschleißschicht zu
kontrollieren und die Maßhaltigkeit zu gewährleisten. Auch
die Einhaltung der geforderten Formtoleranzen und Oberflächengüte muß durch Registrierung der Gestaltsabweichung
kontrolliert werden. Und schließlich ist die erzeugte
Schichtqualität maßgebend für die Bewährung des Zylinders
im Motorlauf. Eine Zusammenstellung der wichtigen Kriterien
zur Beurteilung des Arbeitsergebnisses ist in Bild 13 auf-
gezeigt. Die zugehörigen Meßgrößen, die durch Messung am
Werkstück ermittelt werden, sind direkt zugeordnet.

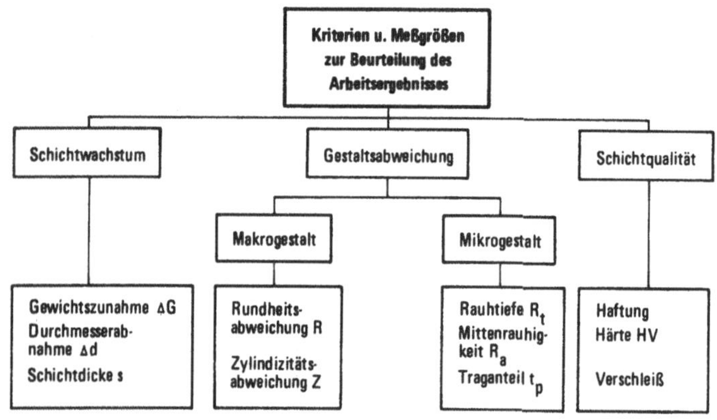

<u>Bild 13:</u> Ermittlung des Arbeitsergebnisses am Werkstück

Die Gestaltsabweichung muß vor, sowie jeweils nach der Bearbeitung des Werkstückes gemessen werden, während Schichtwachstum und Schichtqualität immer als Bearbeitungsergebnis
ermittelt werden.

2.4.1 Gestaltsabweichung

Bei der Gestaltsabweichung (Gesamtheit aller Abweichungen
der Istoberfläche von der geometrisch-idealen Oberfläche)
muß zwischen Makro- und Mikrogeometrie der Bohrung unter-
schieden werden. Zur Makrogeometrie sind in Anlehnung an
DIN 4760 [46] die Gestaltsabweichungen 1. und 2. Ordnung
zu rechnen, d.h. Formabweichungen und Welligkeit. Die
Mikrogeometrie bezieht sich auf Gestaltsabweichungen 3.
und 4. Ordnung, also Rauhigkeiten. Die Istoberfläche setzt
sich in der Regel aus Gestaltsabweichungen 1. bis 6. Ordnung zusammen.

Beim geometrisch idealen Kreiszylinder, dem die Bohrungsform angenähert werden soll, unterscheidet man grundsätzlich zwischen folgenden beiden Formabweichungen: Der Rundheitsabweichung R und der Zylindrizitätsabweichung Z. In
DIN 7184 [47] wird der Begriff Formtoleranz als Toleranz-
zone bestimmt, innerhalb der das Element liegen muß. Die
Rundheitsabweichung ist der minimale Abstand zweier, in
einer Ebene liegender konzentrischer Kreise, zwischen denen
alle Punkte der Schnittlinie liegen müssen. Die Zylindrizitätsabweichung ergibt sich als minimaler Abstand zweier,
in axialer Ebene liegender Mantellinien konzentrischer
Zylinder, zwischen denen alle Punkte der beiden Schnittlinien liegen müssen.

Zur Messung der Rundheits- und Zylindrizitätsabweichung
stand ein Rundheitsmeßgerät Fabrikat Rank-Taylor-Hobson,
Typ Talyrond Modell 2 zur Verfügung, das auch die Aufnahme von Mantellinienschrieben erlaubt. Mögliche Meßfehler
durch den Rundlauf der Meßspindel sind kleiner als
0,025 µm; die Genauigkeit beim Aufzeichnen der Zylinder-
mantellinie beträgt 0,5 µm.

Die Auswertung der Schriebe erfolgte nach der in DIN 7184
[47] festgelegten Minimum-Bedingung. Sie besagt, daß die

Begrenzungslinien, d.h. die zwei konzentrischen Kreise bei
der Betrachtung der Rundheit und die koaxial liegenden
Zylindermantellinien bei der Ermittlung der Zylindrizität,
so an die Istform gelegt werden müssen, daß sich die ge-
ringste Formabweichung ergibt. Wird diese Minimum-Bedingung
nicht beachtet, dann ergeben sich viel größere Abweichungen, die zu falschen Meßergebnissen führen.

Bild 14 zeigt die Tastwege und die Auswertung der Rundheitsabweichung. Die 3 Meßebenen wurden analog den Ebenen
der Durchmesser d_1, d_2, d_3 gewählt; als Auswertmethode kam
die Methode des kleinsten radialen Abstandes von Außen-
und Innenberührkreis (MRA) zur Anwendung.

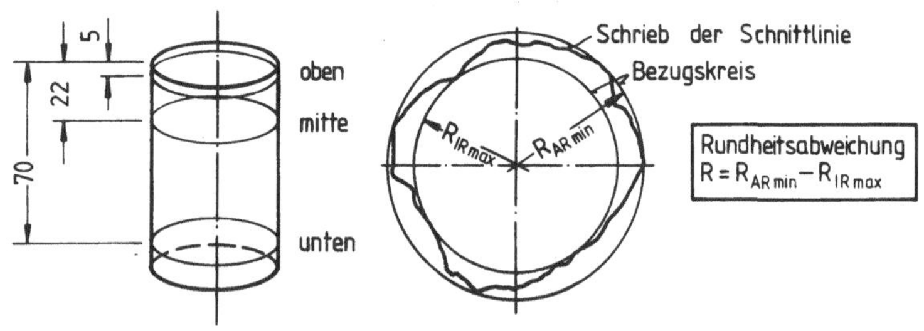

<u>Bild 14</u>: Tastwege und Auswertung zur Bestimmung der
Rundheitsabweichung

Bild 15 zeigt die Tastwege und die Auswertung der Zylindrizitätsabweichung. Die Bohrung wurde auf vier, jeweils um
90° versetzten Mantellinien abgetastet. Die Tastwege sind
so zwischen die Durchbrüche (Kanäle) im Zylinder gelegt,
daß die gesamte Mantellinie ohne Unterbrechung geschrieben
werden konnte. Durch entsprechendes Zusammenfügen ergeben
sich die beiden gegenüberliegenden Mantellinien.

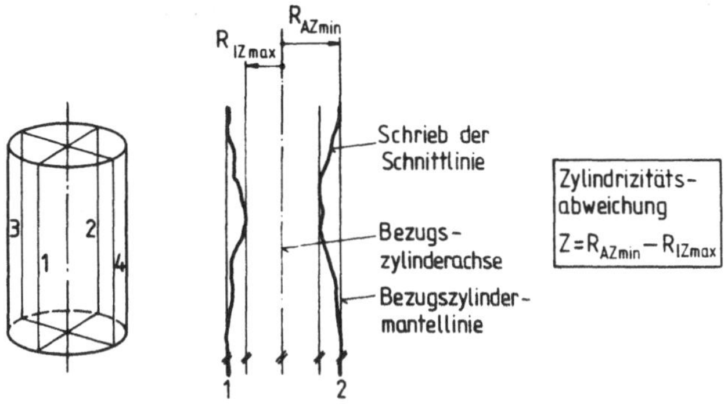

Bild 15: Tastwege und Auswertung zur Bestimmung der Zylindrizitätsabweichung

Zur Auswertung des Zylindrizitätsschriebes wurde eine Plexiglas-Auswertschablone neu entwickelt, mit der sich die geforderte Minimum-Methode sehr genau bei äußerst geringem Zeitaufwand erfüllen läßt. Dadurch, daß die Bezugszylinderachse nicht zuerst festgelegt wird, können die Mantellinien des Bezugszylinders wirklich so an die Istform gelegt werden, daß man die minimale Formabweichung erhält.

In den verschiedenen Tastschnitten der Bohrung ergaben sich auch unterschiedliche Werte für Z und R. Bei den Versuchsergebnissen sind die angegebenen Rundheits- bzw. Zylindrizitätsabweichungen die jeweiligen Mittelwerte aus den Messungen.

Zur Beurteilung der Mikrogeometrie der Bohrung wird die Rauhtiefe R_t und der arithmetische Mittenrauhwert R_a (CLA) angegeben. Gemessen werden die Werte mit einem Tastschnittgerät Fabrikat Perth-o-meter, Typ Universal; als Tastsystem wurde ein Einkufentastsystem nach DIN 4772 [48] verwendet. Die Rauhtiefe R_t ist gemäß DIN 4762 [49] der Maximalwert des gemessenen Profils.

Die Auswertung des Profils erfolgte mit dem M-System, also
mit dem geometrisch idealen Bezugsprofil als Grundlage.
Die Ermittlung des R_a-Wertes wurde mit dem eingebauten
Rechenwerk vorgenommen.

Für eine vollständige Charakterisierung der Oberfläche von
Gleitflächen, insbesondere von Zylinderlaufbahnen, sind
die oben angeführten Kenngrößen R_t und R_a nicht ausreichend. Deshalb soll der Profiltraganteil t_p als weitere
Kennzeichnung herangezogen werden. Die Tragkurve entsteht,
wenn man die Profiltraganteile nach DIN 4762 [49] in Abhängigkeit von der Profiltiefe aufzeichnet. Bild 16 zeigt
die Abbott'sche Tragkurve wie sie bei einer plateau-gehonten
Oberfläche entstehen würde.

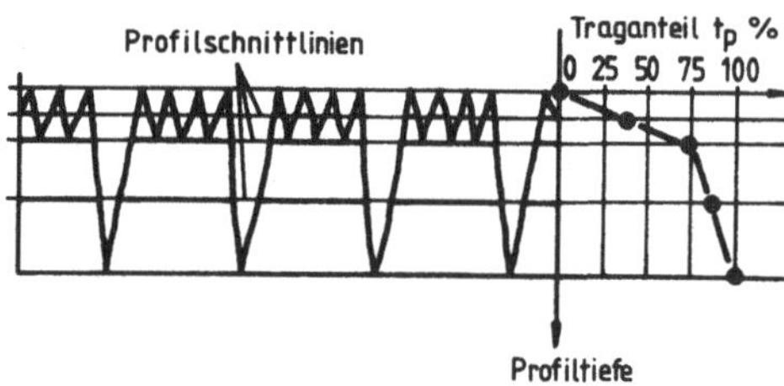

<u>Bild 16:</u> Abbott'sche Tragkurve einer plateau-gehonten
Oberfläche [50]

2.4.2 Schichtwachstum

Das Schichtwachstum der Chromschicht wurde durch Bestimmung der Schichtdicke nach festgelegten Zeitintervallen
ermittelt. Nach DIN 50982 [51] wird unter Schichtdicke die
Dicke einer Schicht auf einem Grundwerkstoff verstanden,
die schützende, dekorative oder funktionelle Aufgaben zu
erfüllen hat.

Zur Schichtdickenmessung stehen zahlreiche zerstörende und
zerstörungsfreie Meßverfahren zur Verfügung. Die Auswahl
des geeigneten Verfahrens hängt von physikalischen und
chemischen Eigenschaften von Grund- und Schichtwerkstoff,
aber auch von der Probenform ab. Auf jeden Fall sollten
mehrere Meßverfahren parallel angewandt werden, um die
Ergebnisse abzusichern.

Zur Messung der Dicke der Chromschicht auf dem Al-Si-
Grundmaterial wurden vier Meßverfahren eingesetzt:

- Gravimetrisches Verfahren

- Wirbelstromverfahren

- Differenzdickenmessung

- Mikroskopische Messung am Querschliff

Das gravimetrische Verfahren erlaubt durch Wägung des Zylinders ohne und mit Chromschicht die flächenbezogene
Masse der Schicht aus der Gewichtsdifferenz ΔG zu bestimmen. Durch Division der flächenbezogenen Masse durch die
Dichte von elektrolytisch abgeschiedenem Chrom
($\rho = 6{,}93 \ g/cm^3$) ergibt sich der durchschnittliche Wert
für die Schichtdicke.

Zur Messung der Gewichtszunahme stand eine Präzisionswaa-
ge Fabrikat Mettler, Typ PL 3000 zur Verfügung, deren Ablesegenauigkeit es gestattet, Schichtdickenänderungen von

1,5 µm zu bestimmen. Die Gewichtsabnahme durch die chemische Vorbehandlung wurde empirisch ermittelt und als Korrekturglied berücksichtigt. Als Richtwert für die Meßunsicherheit des Einzelwertes kann ± 5 % angegeben werden.

Im Gegensatz zum integralen gravimetrischen Verfahren ist das Wirbelstromverfahren geeignet, die örtliche Schichtdicke zu messen. Das Meßverfahren ist zerstörungsfrei.

Beim Wirbelstromverfahren wird durch einen hochfrequenten Wechselstrom in einer als Meßsonde ausgebildeten Spule ein elektromagnetisches Feld erzeugt. Nähert man die Meßsonde einem leitenden metallischen Werkstoff, entstehen in diesem Wirbelströme, die eine Rückwirkung auf die Meßspule hervorrufen. Die Größe der Rückwirkung ist ein Maß für den Abstand der Sonde vom Grundmetall und damit für die Dicke der Schicht. Nach DIN 50982 [51] ist für die Anwendbarkeit des Wirbelstromverfahrens das Verhältnis der elektrischen Leitfähigkeit von Schicht- und Grundwerkstoff maßgebend. Dieses Verhältnis muß größer als 3 oder kleiner als 0,3 sein. Bei Chrom auf Al-Si-Legierungen ist es größer als 3. In die Normentabelle "Auswahl der Meßverfahren" wurde das Wirbelstromverfahren bei der Werkstoffkombination Chrom auf Aluminium nicht aufgenommen, in anderen Tabellen ist es aber als geeignet angegeben [12, 52, 53].

Für die Messungen stand ein Wirbelstrom-Schichtdickenmeßgerät Fabrikat Fischer, Permascope Typ EX8d2 T6B-Cr/Al zur Verfügung. Durch spezielle Anpassung der Meßsonde konnte die Schichtdicke an jeder Stelle der Zylinderwandung erfaßt werden. Die Eichung erfolgte durch Vergleichsmessung mit Schichtdicken an Querschliffen.

Dadurch konnte der Einfluß folgender Störgrößen vermindert
werden:

- Oberflächenkrümmung

- Unterschiedliche Dicke des Grundwerkstoffes

- Unterschiedliche elektrische Leitfähigkeit
  der galvanisch erzeugten Schicht aufgrund
  streuender Elektrolytparameter

Nach DIN 50984 [54] verbleiben dann als wichtigste Einflüsse auf den Meßwert noch die Oberflächenrauheit, die
Oberflächenreinheit, der Randabstand und die Auflagekraft
des Meßpoles. In Anbetracht der vielen Einflußgrößen kann
nur mit einer Meßgenauigkeit von ± 10 % vom Meßwert gerechnet werden.

Als Meßpunkte wurden die Schnittpunkte der Meßebenen der
Rundheitsmessung mit den Tastwegen der Zylindrizitäts-
messung gewählt. An jedem Meßpunkt wurden 3 Einzelmessungen durchgeführt. Die örtliche Schichtdicke ergab sich
dann als arithmetischer Mittelwert aus den Ergebnissen
der Einzelmessungen. Pro Zylinderbohrung wurden also 12
örtliche Schichtdicken ($s_1 \ldots s_{12}$) ermittelt. Als Schichtdicke wurde dann wiederum der arithmetische Mittelwert
der örtlichen Schichtdicken berechnet.

Diese Gesamtschichtdicke läßt aber, wie schon die gravi-
metrisch bestimmte Schichtdicke, keine Aussage über die
wahre Schichtverteilung in der Zylinderbohrung zu. Erst
durch die Kombination der Mantellinienschriebe der Zylin-
drizitätsmessung vor und nach der Verchromung mit den
örtlichen Schichtdicken der Permascope-Messung auf den
Schnittlinien läßt sich die Verteilung der Schicht ange-
ben, wie Bild 17 zeigt.

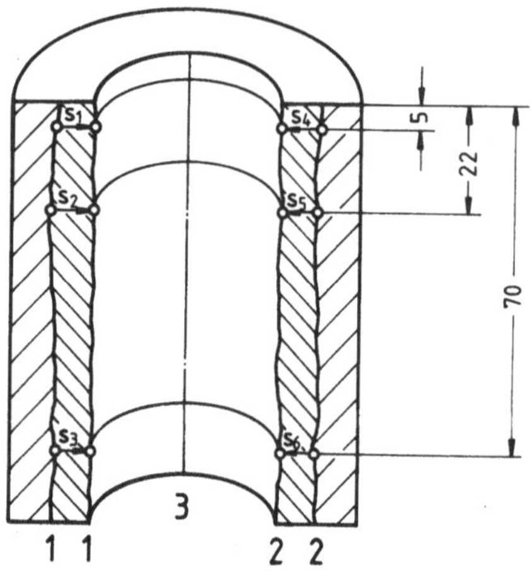

Bild 17: Ermittlung der Schichtverteilung in der
Zylinderbohrung

Die Messung des Bohrungsdurchmessers vor und nach der Verchromung wurde als abgewandelte Differenzdickenmessung
ebenfalls zur Schichtdickenbestimmung eingesetzt. Die
Durchmesserabnahme Δd wurde in den drei bekannten Meßebenen mit dem Subito und 1/1000 mm Meßuhr gemessen. Der
Verfälschung des Meßergebnisses durch Rundheits- und Zylindrizitätsabweichung wurde durch Mehrfachmessung und
Mittelwertbildung begegnet. Der Abtrag durch die chemische Vorbehandlung zur Entfernung der Oxydschicht wurde
mit 10 µm auf den Ausgangsdurchmesser eingerechnet.
DIN 50982 [51] gibt als Richtwert für die Meßunsicherheit des Einzelwertes für die Differenzdickenmessung
$\pm$ 20 % des Meßwertes an.

Am genauesten läßt sich die Schichtdicke durch mikroskopische Schichtdickenmessung an einem metallographischen
Querschliff nach DIN 50950 [55] bestimmen. Unterschiede
der Schichtdicke werden durch dieses Verfahren nicht erfaßt; es liefert aber einen aussagekräftigen Einzelwert

an der Stelle der Probenentnahme. Die Proben zur Anferti-
gung des Querschliffes wurden an der Kurbelseite des Zylinders entnommen. Die Ausmessung erfolgte bei 200facher
Vergrößerung mit einer Ablesegenauigkeit von $\pm$ 1 µm.

Die in den Versuchsergebnissen angegebene Schichtdicke s
ist der Mittelwert der mit den vier Meßmethoden ermittel-
ten Schichtdicken. Durch die Ergänzung der gravimetrischen Gesamtschichtdicke mit einzelnen Stützstellen der
örtlichen Schichtdicke wird eine ausgewogene Schichtdickenbestimmung erreicht.

2.4.3 Schichtqualität

Die Beurteilung der Schichtqualität erfolgt durch Prüfung
der Haftung der Chromschicht auf dem Aluminium, durch
Messung der Härte der aufgebrachten Schicht und durch Versuche zur Bestimmung des Verschleißes. Die bekannten
Prüf- und Meßverfahren sind äußerst vielfältig und vari-
antenreich. Die Auswahl geeigneter Verfahren wurde unter
den speziellen Gesichtspunkten der Anwendung auf Zylinderlaufbahnen vorgenommen.

Entsprechend ihrem Aussagewert ist bei den Haftfestigkeits-
prüfungen zwischen qualitativen und quantitativen Verfahren zu unterscheiden [12, 56]. Qualitative Prüfungen werden wegen ihrer einfachen Durchführbarkeit bei ausreichender Aussagekraft in der Praxis am häufigsten angewandt.
Quantitative Prüfungen bedürfen in der Regel spezieller
Proben oder einer aufwendigen Präparation des Werkstücks.

Gerade bei der Werkstoffkombination Chrom auf Aluminium
bietet sich die Haftfestigkeitsprüfung durch den Tempe-
ratur-Wechsel-Versuch an. Der Versuch wird z.B. von

Automobilherstellern und Zylinderproduzenten eingesetzt.
Er beruht auf den sehr unterschiedlichen Ausdehnungskoef-
fizienten von Aluminium und Chrom [12]:

$$\alpha_{Cr} = 6{,}6 - 8{,}4 \cdot 10^{-6} \; 1/^{\circ}C$$
$$\alpha_{Al} = 18 \; - 24 \; \cdot 10^{-6} \; 1/^{\circ}C$$

Der Zylinder wird auf $350^{\circ}C$ erhitzt und in Wasser abge-
schreckt. An Stellen mit niedriger Haftfestigkeit bilden
sich Blasen, die schließlich zum örtlichen Abplatzen des
Überzuges führen. Besteht die Schicht den Abschreckzyklus
5mal ohne abzuplatzen, so wird sie aller Erfahrung nach
auch den Anforderungen im Motor bezüglich der Haftung ge-
wachsen sein. Bei gutem Haftvermögen ist das Verfahren
zerstörungsfrei.

Ergänzende Einsichten über die Verzahnung Schichtmaterial-
Grundmaterial sind aus Schliff- oder REM-Bildern zu ge-
winnen.

Die Härte eines Werkstoffes wird als derjenige mechanische Widerstand oder die Kraft pro Flächeneinheit definiert, den der Werkstoff dem Eindringen eines Prüfkörpers
entgegensetzt.

Bei elektrolytisch abgeschiedenen Schichten kann die Härte
prinzipiell in Richtung der Flächennormalen oder an einem
Querschliff des Überzuges gemessen werden. Da der Alumi-
nium-Grundwerkstoff viel weicher ist als der Schichtwerkstoff Chrom, erscheint die Messung der Querschliffshärte
als zuverlässiger [14]. Außerdem hat die Krümmung der
Oberfläche bei der Messung am Querschliff keinen Einfluß
auf das Meßergebnis.

Zur Härtemessung stand ein Kleinlasthärtemeßgerät Fabrikat Leitz zur Verfügung. Gemessen wurde die Vickershärte

am Querschliff. Die Prüfkraft, mit der der Prüfkörper -
eine gleichseitige Pyramide - beaufschlagt wurde, betrug
25 p. Die Messung wurde also im Mikrohärtebereich ausgeführt, da in DIN 50133 [57] der Kleinlastbereich über 200 p
definiert ist. Die Einwirkzeit betrug 30 s.

Da für den Mikrohärtebereich noch keine eigene Norm vorliegt, wurde die Messung und Auswertung nach DIN 50133,
Blatt 2 [57] durchgeführt.

Die Vickershärte HV ist proportional dem Quotienten aus
der Prüfkraft F_P und der Oberfläche A des bleibenden Ein-
drucks. Dieser Eindruck wird als gerade Pyramide angesehen,
die eine quadratische Grundfläche mit der Diagonalen D und
den gleichen Flächenwinkel wie der Eindringkörper hat. Die
Vickershärte ergibt sich zu:

$$HV = 1854 \, \frac{F_P}{D^2} \qquad (F_P \text{ in } p) \qquad (1)$$

Für die Bestimmung einer Vickershärte der Schicht wurden
5 Eindrücke gemacht und dann gemittelt. Da bei Prüflasten
< 200 p die Härte stark lastabhängig wird [58], muß zum
Härtewert immer die Last mit angegeben werden, mit der die
Härte gemessen wurde.

Unter Verschleiß versteht man nach DIN 50320 [59] einen
fortschreitenden Materialverlust aus der Oberflächen-
schicht eines festen Körpers infolge tribologischer Beanspruchung. Eine tribologische Beanspruchung entsteht durch
Kontakt und Relativbewegung der Oberfläche z.B. eines
festen Körpers mit einem festen Gegenkörper. Der Verschleiß äußert sich in Stoff- und Formänderungen der tri-
bologisch beanspruchten Oberfläche sowie im Auftreten von
Verschleißpartikeln. Er ist nicht als Werkstoff- oder Bau-
teileigenschaft aufzufassen, sondern nur als Eigenschaft
eines tribologischen Systems.

Für die Bestimmung des Verschleißes von Chromschichten
sind mehrere Methoden in der Literatur zu finden. Hingewiesen werden soll auf die Untersuchungen von Piersol [60],
Eilender, Arend und Schmidtmann [61], Wahl und Gebauer
[62] sowie Wiegand und Heinke [63]. Alle Autoren führten
ihre Versuche als Modellprüfungen durch, die sich weniger
im Verschleißmechanismus als im Beanspruchungskollektiv
und in den Meßgrößen der Verschleißbeträge unterscheiden.
Teilweise resultieren daraus widersprüchliche Aussagen.
Die Schwäche aller Modellprüfmethoden liegt darin, daß sie
nur relative Werte ergeben, von denen auf die Güte der
Chromschicht bei tatsächlicher praktischer Inbetriebnahme
im Tribosystem Kolben-Zylinder nicht geschlossen werden
kann.

Die Bestimmung der Größe des Verschleißes der durch Galvanisches Auftragshonen erzeugten Hartchromschichten kann
deshalb nur durch Probeläufe im Motorbetrieb erfolgen. Bei
der motorischen Erprobung wird die Schicht neben der Reib-
beanspruchung durch die Kolbenringe auch den thermischen
Belastungen der Verbrennung und dem chemischen Angriff der
korrosiven Verbrennungsprodukte, wie z.B. Schwefelsäure
und Salzsäure, unterworfen. Der Dauerlauf auf dem Motorprüfstand bietet außerdem die Möglichkeit, neben dem Zylinderverschleiß gleichzeitig auch den Kolbenringverschleiß
zu bestimmen. Die praktische Erprobung der Zylinder im Motor wird somit eine endgültige Aussage über die Gesamtqua-
lität der Schicht ermöglichen.

2.5 Messung der Versuchsgrößen

Da das Galvanische Auftragshonen das mechanische Honen mit
einer galvanischen Werkstoffauftragung verbindet, müssen
sowohl die mechanischen als auch die elektrolytischen Pro-
zeßgrößen überwacht, gesteuert und registriert werden.

2.5.1 Mechanische Versuchsgrößen

Die Bewegung der Honahle setzt sich aus zwei Einzelbewe-
gungen zusammen und zwar aus der Drehbewegung und der axi-
alen Oszillation.

Die Schnittgeschwindigkeit v_s resultiert aus der Axialgeschwindigkeit v_a und der Umfangsgeschwindigkeit v_u.

$$v_s = \sqrt{v_a^{\,2} + v_u^{\,2}} \tag{2}$$

Die Umfangsgeschwindigkeit wurde als Drehzahl mit Hilfe
einer Zahnscheibe gemessen, die mit der Spindel umlief,
sowie eines induktiven Impulsgebers, Fabrikat Hottinger
Baldwin Meßtechnik, dessen Signale von einem Digitalzähler
Fabrikat Grundig, Typ UZ 42 N aufgenommen wurden.

Die Axialgeschwindigkeit ergibt sich aus der Oszillations-
frequenz und dem Hubweg, die über ein Schleifkontaktpoten-
tiometer (Eigenbau) und eine Wheatstonsche Halbbrücke mit
angeschlossenem Trägerfrequenzmeßverstärker Fabrikat
Hottinger Baldwin Meßtechnik, Typ KWS 50 elektrisch erfaßt
wurden. Die Aufzeichnung erfolgte durch einen 6-Kanal
Flüssigkeitsstrahl-Oszillographen Fabrikat Siemens, Typ
Oscillomink E. Mit dem Hubschrieb konnte außerdem die Hublage kontrolliert werden.

Das Verhältnis von Axialgeschwindigkeit und Umfangsgeschwindigkeit ergibt den charakteristischen Überschneidungswinkel der Honschnittspuren.

$$\tan \frac{\alpha}{2} = \frac{v_a}{v_u} \tag{3}$$

Der hydraulische Zustelldruck wurde über Rohrfeder-Feinmeß-
manometer der Klasse 0,6 gemessen. Aus ihm und verschiedenen Konstruktionsdaten des Werkzeuges läßt sich der An-
preßdruck der Honsteine errechnen [64].

Die Bearbeitungszeit wurde durch die in die Maschine eingebauten Zeituhren automatisch gesteuert. Die Kontrolle
erfolgte durch die Zeitmarke auf dem Oszillographenschrieb.

2.5.2 Elektrolytische Versuchsgrößen

Da der gesamte Metallauftrag aus dem Elektrolyten erfolgt,
stellt er als Wirkmedium das eigentliche "Werkzeug" dar.
Große Bedeutung kommt daher der Überwachung der Elektro-
lyse-Prozeßgrößen und der Elektrolytkonstanz zu.

Der Meßaufbau zur Messung und Steuerung der elektrolytischen Versuchsgrößen während des Beschichtungsprozesses
geht aus Bild 18 hervor.

Strom und Spannung werden auf dem eingebauten Ampère- bzw.
Voltmeter angezeigt. Da Stromstärke und Spannung nach dem
Ohmschen Gesetz eine Funktion des Widerstandes der Elektrolysezelle sind, wurde die zeitliche Änderung des Stromes ebenfalls auf dem Flüssigkeitsstrahl-Oszillographen
registriert. Das erlaubt eine genaue Auswertung der mittleren Stromstärke und mittleren Stromdichte.

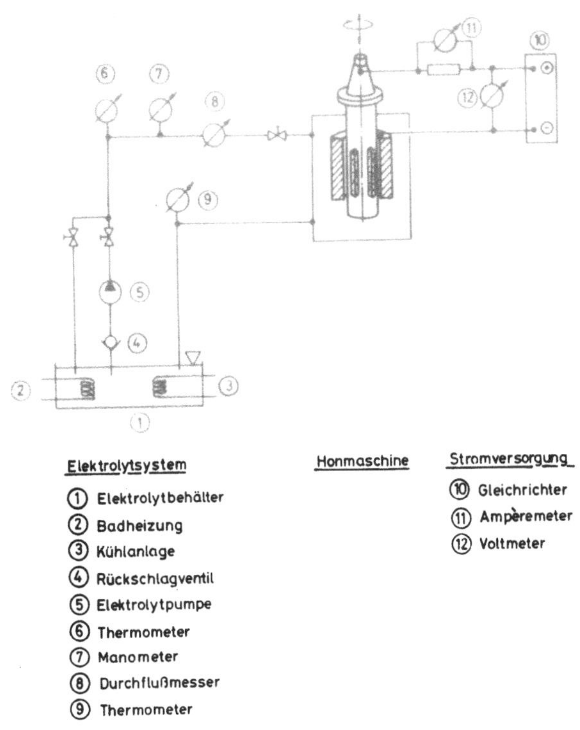

Bild 18: Anlagenschema und Meßaufbau

Die Messung der Temperatur des Elektrolyten wird durch
zwei Schaft-Thermometer vor und hinter der Elektrolysezelle vorgenommen. Die Elektrolyt-Eintrittstemperatur wurde
während des Prozesses mit der eingebauten Kühlanlage, die
von der Maschine aus steuerbar ist, auf $\pm$ 1°C konstant gehalten. Der Elektrolytdruck kann auf einem im Kreislauf
vorhandenen Rohrfeder-Glyzerin-Einheitsmanometer der Klasse 1 mit Druckmittler abgelesen werden. Die Durchflußmenge
wird von einem induktiven Durchflußmesser Fabrikat Fischer
& Porter, Typ D10 D14 20A aufgenommen und mit einem Kom-
pensationsverstärker in ein analoges Signal umgeformt und
angezeigt.

Alle Meßgeräte, die in den Kreislauf eingebaut wurden, also unmittelbaren Kontakt mit der Chromsäure haben, bestehen aus säurefesten Materialien. So besitzt der Durchflußmesser z.B. ein teflonbeschichtetes Meßrohr mit Platinelektroden.

Bei den Versuchen wird der Hartchrom-Standard-Elektrolyt mit folgender Zusammensetzung eingesetzt:

$$250 \text{ g/l } CrO_3 + 2,5 \text{ g/l } H_2SO_4$$

Um reproduzierbare Beschichtungsergebnisse zu bekommen muß diese Elektrolytzusammensetzung unbedingt kontrolliert und möglichst konstant gehalten werden. Zur Überwachung der Elektrolytkonstanz wurden die in Bild 19 aufgeführten Verfahren angewendet.

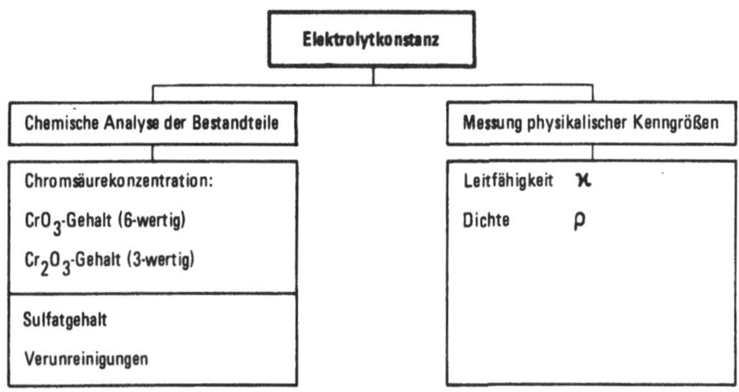

Bild 19: Verfahren und Meßgrößen zur Überwachung der Elektrolytzusammensetzung

Die chemische Analyse des Elektrolyten wurde in regelmässigen Betriebsstundenabständen durchgeführt.

Die Bestimmung der Chromsäure, also des sechswertigen Chroms, geschieht in saurer Lösung durch Kaliumjodid-

Reduktion; das Jodid wird zum elementaren Jod oxydiert. Das Jod wird mit Natriumthiosulfat unter Verwendung von Stärke-Indikator titriert.

Die Bestimmung des dreiwertigen Chroms (Cr_2O_3) wurde mit Hilfe eines Atomadsorptionsspektrometers durchgeführt. Ebenfalls die Bestimmung von Verunreinigungen wie z.B. Aluminium.

Der Sulfatgehalt wurde durch Fällung als Bariumsulfat bestimmt. Genauere Angaben über die Analysentechniken sind in [12, 65] zu finden.

Die Messung der physikalischen Kenngrößen Leitfähigkeit $\varkappa$ und Dichte ρ wurde vor jedem Versuch durchgeführt.

Zur Bestimmung der Leitfähigkeit $\varkappa$ stand ein Leitfähigkeitsmeßgerät Fabrikat Philips, Typ PW 9501/01 mit einer entsprechenden Leitfähigkeitsmeßzelle (Zellkonstante 24,2 cm^{-1}) zur Verfügung.

Die Dichte ρ des Elektrolyten wurde mit einem Spezial-Aräometer (Meßbereich 1,12 - 1,22 g/cm^3) gemessen.

Die Leitfähigkeit und die Dichte sind abhängig von der Elektrolyttemperatur Θ. Die folgenden Diagramme zeigen den Einfluß der Chromsäurekonzentration, des Sulfatgehaltes und der Temperatur auf die Leitfähigkeit und die Dichte. Mit diesen Eichkurven und den genauen Werten der Analysen erfolgte die Korrektur der Elektrolytzusammensetzung.

Ein nennenswerter Einfluß des Sulfatgehaltes auf die Leitfähigkeit wurde nicht festgestellt.

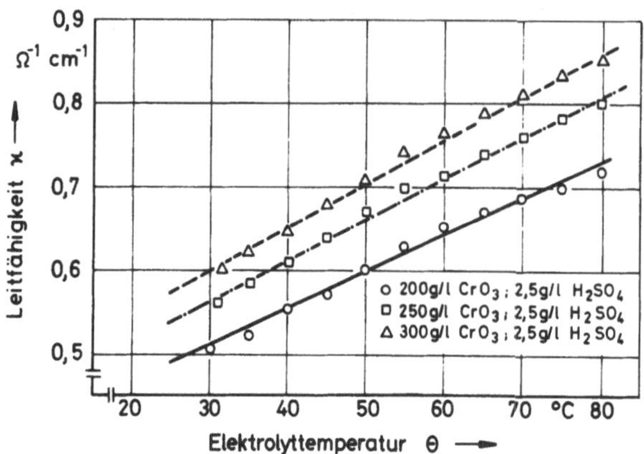

Bild 20: Leitfähigkeit $\varkappa$ als Funktion der Chromsäurekonzentration und der Temperatur

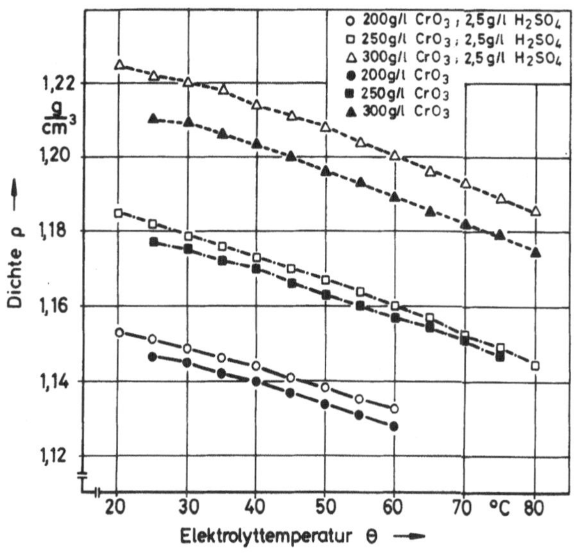

Bild 21: Dichte ρ als Funktion der Chromsäurekonzentration, des Sulfatgehaltes und der Temperatur

3. <u>GRUNDLAGEN ZUR UNTERSUCHUNG DER ELEKTROLYTISCHEN EINFLUSSGRÖSSEN</u>

Die Galvanotechnik ist ein Arbeitsverfahren, das sich weitgehend empirisch entwickelt hat. Erst in jüngster Zeit hat sich die Erkenntnis durchgesetzt, daß ihre technische Beherrschung ein hohes Maß an theoretischem Wissen erfordert, ohne das den Anforderungen der Praxis heute nicht mehr Genüge geleistet werden kann.

Vor allem die Elektrochemie vermittelte durch ihren fachübergreifenden Charakter wichtige Beiträge bei der Klärung der physikalischen und chemischen Vorgänge bei der Elektrolyse und der Elektrokristallisation der Metalle.

Die galvanische Metallabscheidung beruht auf dem Prinzip der Elektrolyse: Die Entladung eines Kations K^{z+} an der Kathode verläuft nach der Bruttogleichung

$$K^{z+} + ze^- \longrightarrow K$$

Der Vorgang der kathodischen Metallabscheidung ist jedoch wesentlich komplizierter als er nach dieser einfachen Reaktionsgleichung scheinen mag, da er sich aus verschiedenen Teilvorgängen zusammensetzt [12], wobei die physikalischen und chemischen Eigenschaften des Metalls verändert werden. Weiterhin hängt die Abscheidung der Metalle von einer Reihe von Variablen ab, die sich aus den Bedingungen der Elektrolyse ergeben. So muß z.B. das lösliche Ion von der Anode zur Kathode transportiert werden. Die Geschwindigkeit, mit der diese komplexen Prozesse ablaufen, ist bestimmend für die Gesamtgeschwindigkeit der metallischen Abscheidung.

In den folgenden Kapiteln sollen die elektrochemischen Grundlagen der galvanischen Chromabscheidung dargestellt

werden. Eine vollständige Übertragbarkeit der klassischen
Elektrochemie auf das Auftragshonen, das als fertigungstechnische Anwendung der Elektrolyse bei höheren Stromdichten arbeitet, ist sicher nicht möglich. Sie kann aber
eine Hilfestellung geben, um die mit der Erhöhung der
Stromdichte zusammenhängenden Effekte bei der Elektrolyse
besser abschätzen zu können.

3.1 Das Prinzip der galvanischen Chromabscheidung

Die elektrolytische Abscheidung von Chrom erfolgt durch
kathodische Reduktion der Chromsäure. Von einer restlosen
Klärung der Gesamtreaktion kann nicht gesprochen werden,
da vor allem der Reduktionsmechanismus der Chromsäure noch
nicht vollständig bekannt ist [14].

Die Vorgänge bei der elektrolytischen Abscheidung von
Chrom werden vornehmlich aus dem Verlauf der Stromdichte-
Potential-Kurven zu erklären versucht (Bild 22).

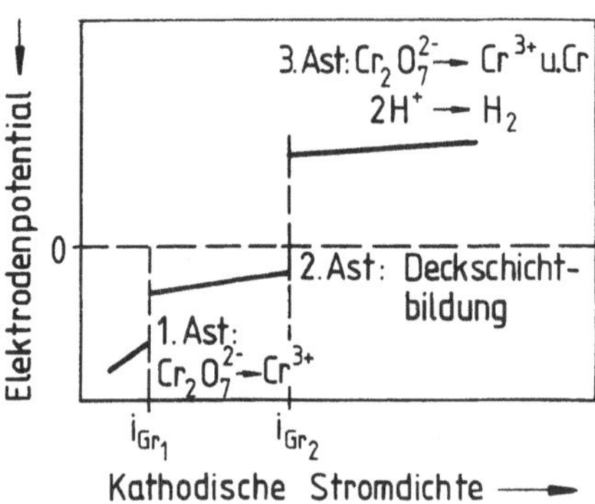

Bild 22: Schema einer Stromdichte-Potentialkurve der
Chromabscheidung aus einer Chromtrioxydlösung
mit Fremdanionenzusätzen

Bei der kathodischen Polarisation von Metallen mit hoher
Wasserstoffüberspannung, wie z.B. Aluminium, zeigen sich
drei charakteristische Kurvenäste. Auf dem ersten Ast wird
im allgemeinen das sechswertige Chromtrioxyd zu dreiwertigen
gen Chromverbindungen reduziert, auf dem zweiten Ast bildet sich eine Deckschicht von unlöslichem basischem Chrom-
chromat, während sich auf dem dritten Ast nach dem Überschreiten der entsprechenden Teil-Grenzstromdichte gleichzeitig drei Bruttovorgänge abspielen [12]:

- Entladung von Wasserstoffionen und Abscheidung von
  Wasserstoff nach
  $$2H^+ + 2e^- \rightarrow H_2 \uparrow$$

- Entladung der Metallionen und Abscheidung von Chrom
  nach
  $$H_2CrO_4 + 6H^+ + 6e^- \rightarrow Cr \downarrow + 4H_2O$$

- Reduktion von sechswertigem Chrom zu dreiwertigem
  Chrom nach
  $$H_2CrO_4 + 6H^+ + 3e^- \rightarrow Cr^{3+} + 4H_2O$$

Die Abscheidung des metallischen Chroms auf dem letzten
Ast erfolgt nur dann, wenn sich an der Kathode gleichzeitig Wasserstoff abscheidet, wobei der Hauptteil des Stromes für die Wasserstoffentwicklung verbraucht wird. Aus
diesem Grund beträgt die kathodische Stromausbeute an
Chrom bei den derzeit angewandten Verfahren nur 10 - 20 %
[12, 14].

Aus der Lösung von reinem Chrom-VI-Oxyd (Chromsäure) läßt
sich auch bei Anwendung hoher Stromdichten kein brauchba-
rer metallischer Chromüberzug abscheiden.

Die Unterbindung der Reaktion erfolgt durch die sofortige
Ausbildung eines Films (2. Ast), der die Kathode in dichter Schicht überzieht und dadurch das Herantreten der

Chromsäure an die Kathode und damit ihre weitere Reduktion verhindert. Erst nach Zusatz einer auf den Chromtrioxydgehalt genau abgestimmten Menge einer zweiten anorganischen Säure, der Fremdsäure wie z.B. Schwefelsäure, laufen die o.a. Reaktionen der Chromsäurereduktion ab.

Die katalytische Wirkung der Schwefelsäure auf die Abscheidung des Chroms beruht auf dem Einfluß der Sulfationen auf die Zusammensetzung der kathodischen Deckschicht. Die Vorstellungen über die bei der elektrolytischen Reduktion von Chromsäure auftretenden Kathodendeckschichten reichen von porösen Bedeckungen bis zu geschlossenen Schichten mit Halbleitereigenschaften [66]. Ryan [67] kommt in einer zusammenfassenden Betrachtung zu dem Schluß, daß die Chromabscheidung über Zwischenstufen im Kathodenfilm erfolgt.

An der Anode wird hauptsächlich Sauerstoff entwickelt. Bei der Verwendung von Blei als Anodenmaterial werden außerdem im Elektrolyten vorhandene Cr^{3+}-Ionen zu Chromsäure oxydiert, so daß das an der Kathode gebildete dreiwertige Chrom wieder für die Chromreduktion zur Verfügung steht.

$$2H_2O \longrightarrow 4H^+ + O_2\uparrow + 4e^-$$
$$Cr^{3+} \longrightarrow Cr^{6+} + 3e^-$$

3.2 Stromverteilung und Metallverteilung

Bei der galvanischen Hartverchromung wird mit unlöslicher Anode gearbeitet, d.h. der Schichtbildner ist im Elektrolyten enthalten.

Die Verteilung des niedergeschlagenen Metalls im Zylinder ist abhängig von der Ausbildung des elektrischen Feldes. Maßgebend für das Schichtwachstum sind die Abscheidungsbedingungen im Spalt zwischen den Elektroden, letztlich also die Stromverteilung in der Elektrolysezelle. Im allgemeinen unterscheidet man:

- Die "Primäre Stromverteilung",
  die aus der Theorie des elektrischen Feldes resultiert, sich also mit dem Ohm'schen und Kirchhoff'schen Gesetzen berechnen läßt.

- Die "Sekundäre Stromverteilung",
  die sich ergibt, wenn die bei der Elektrolyse auftretenden Polarisationen und Passivierungen mitberücksichtigt werden.

- Die "Metallverteilung",
  die normalerweise definiert wird durch die sekundäre Stromverteilung und die kathodische Stromausbeute.

3.2.1 Das elektrische Feld beim Galvanischen Auftragshonen

Die interessierende Stromverteilung an der Kathode ist von den elektrischen und elektrochemischen Eigenschaften des Elektrolyts abhängig.

Die primäre Stromverteilung kann aus den drei Grundgrößen Strom I, Spannung U und Widerstand R_{EL} bestimmt werden. Mit diesen drei Größen werden auch andere auf die Strom-

verteilung wirkende Einflüsse wie Elektrolyttemperatur
und -leitfähigkeit, sowie die Geometrie der Elektrolysezelle erfaßt. Bei der Innenverchromung werden die Elektroden von einem kreiszylindrischen Werkstück und einem stab-
förmigen Werkzeug gebildet.

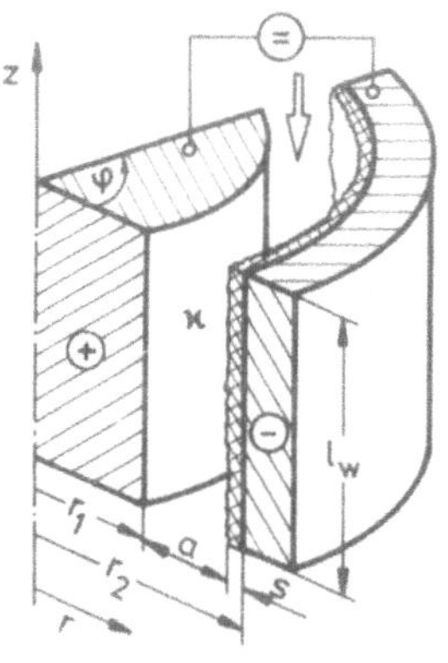

Bild 23:
Elektrolysezelle beim
Galvanischen Auftrags-
honen und Durchfluß-
verchromen

Entsprechend der Rotationssymmetrie der Zellgeometrie wird
sich ein homogenes elektrisches Feld zwischen den beiden
konzentrischen Zylindern ausbilden. Die Potentiallinien
bzw. Potentialflächen ergeben sich als konzentrische Kreise bzw. Zylinder, wie in Bild 24 dargestellt. Die Stromlinien beginnen und enden senkrecht auf den Elektroden,
können also als Radien angesehen werden [68].

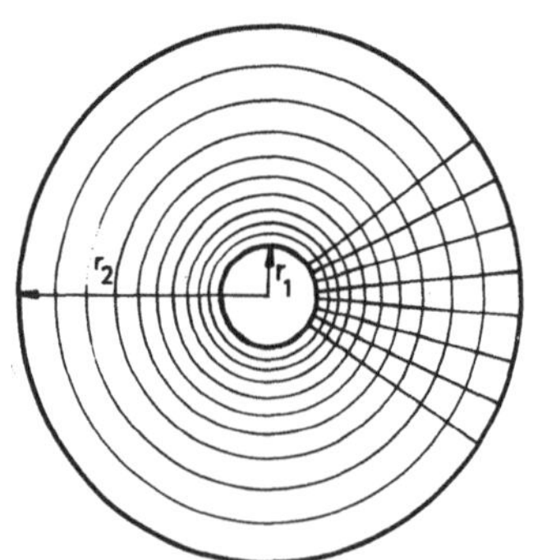

Bild 24:
Potentiallinien und
Stromlinien zwischen
zwei konzentrischen
Zylindern [68]

Der Strom I in der Ringzelle läßt sich nach dem Ohm'schen
Gesetz bestimmen:

$$I = \frac{U}{R_{EL}} \qquad (4)$$

Bei Elektrolytflüssigkeiten, die im Unterschied zu den metallischen Leitern als Leiter 2. Ordnung bezeichnet werden,
wird der elektrische Widerstand R_{EL} durch die Art, Anzahl
und Wertigkeit der Ionen bestimmt. Als Maß für den Widerstand wird die spezifische Leitfähigkeit $\varkappa$ angegeben. Der
elektrische Widerstand R_{EL} des Elektrolytvolumens zwischen
den um den Abstand a entfernten Elektroden mit der Fläche
A ergibt sich zu:

$$R_{EL} = \frac{a}{\varkappa \cdot A} \qquad (5)$$

Bei der Bestimmung des Ringwiderstandes R_{EL} ist zu berück-
sichtigen, daß der Durchtrittsquerschnitt $A = 2\pi r l_w$ nicht
konstant ist, sondern linear mit r ansteigt. Durch Zerle-
gung des Raumes zwischen r_1 und r_2 in schmale, dr lange
Ringe erhält man:

$$dR_{EL} = \frac{dr}{\varkappa \cdot 2\pi r l_w} \qquad (6)$$

Die Einzelwiderstände sind zwischen r_1 und r_2 in Reihe ge-
schaltet, so daß sich der Gesamtwiderstand R_{EL} aus dem In-
tegral über den Spalt ergibt.

$$R_{EL} = \int_{r = r_1}^{r = r_2} dR = \frac{1}{\varkappa \cdot 2\pi l_w} \int_{r = r_1}^{r = r_2} \frac{dr}{r}$$

$$R_{EL} = \frac{1}{2\pi \varkappa l_w} \cdot \ln \frac{r_2}{r_1} \qquad (7)$$

Eingesetzt in das Ohm'sche Gesetz kann der Strom I nach folgender Formel errechnet werden:

$$I = \frac{2\,\pi\,\varkappa \cdot l_w \cdot U}{\ln \frac{r_2}{r_1}} \qquad (8)$$

Die Stromdichte an einer beliebigen Stelle im Spalt mit dem Radius $r_1 < r < r_2$ ergibt sich zu

$$i(r) = \frac{I}{A} = \frac{I}{2\,\pi\,r\,l_w} \qquad (9)$$

Setzt man (8) in (9) ein, so erhält man

$$i(r) = \frac{\varkappa \cdot U}{r \ln \frac{r_2}{r_1}} \qquad (10)$$

und als kathodische Stromdichte

$$i(r = r_2) = i_K = \frac{\varkappa \cdot U}{r_2 \ln \frac{r_2}{r_1}} \qquad (11)$$

Die kathodische Stromdichte gibt die Anzahl der auf ein Flächenelement der Kathode auftreffenden Stromlinien an. Sie stellt also die primäre Stromverteilung auf die Werkstückoberfläche dar und ist nach (11) abhängig vom Potentialunterschied zwischen den Elektroden, also der Spannung U, und der Leitfähigkeit $\varkappa$ des Elektrolyten sowie vom Elektrodenabstand a, der in den Geometriegrößen im Nenner enthalten ist.

3.2.2 Polarisation und Intensivierung der Abscheidung

Die abscheidbaren Ionen können grundsätzlich auf drei Arten an die Kathode gelangen:

- Durch Überführung mittels des elektrischen Stroms
- Durch Diffusion
- Durch Konvektion

Die Abscheidung des Metalls wird dabei maßgeblich durch die Art und Eigenschaften der an der Kathode anliegenden Elektrolytschichten bestimmt, durch die das abzuscheidende Ion auf seinem Weg von der Lösung zur Kathodenoberfläche treten muß. Besonders bei der stofflichen Umsetzung an der Phasengrenze machen sich kinetische Hemmungen bemerkbar. Diese Hemmungen sind stromdichteabhängig und äußern sich durch die Änderung des elektrochemischen Elektrodenpotentials. Daraus resultiert eine geänderte Stromverteilung, die "sekundäre Stromverteilung".

Eine Übersicht über die Polarisationseffekte an der Kathode gibt Bild 25.

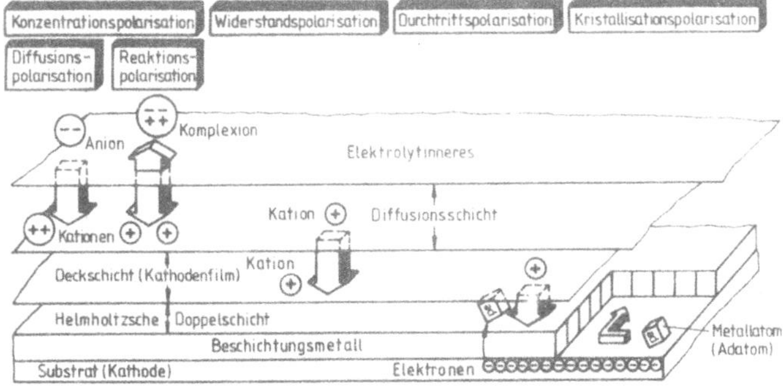

Bild 25: Polarisationsarten beim elektrolytischen Beschichten [69]

Die Konzentrationspolarisation entsteht durch die Konzentrationsunterschiede zwischen dem Elektrolytinneren und der Elektrolytschicht in unmittelbarer Elektrodennähe. Die Konzentrationspolarisation läßt sich in Diffusions- und Reaktionspolarisation aufteilen [69].

Die Diffusionspolarisation wird durch die Hemmungen der Ionendiffusion an die Elektrodenoberfläche verursacht. Durch den Verbrauch an Metallionen an der Kathode entsteht in unmittelbarer Elektrodennähe eine Diffusionsschicht, in der die Metallionenkonzentration im Vergleich zum Elektrolytinneren geringer ist. Die Dicke der Diffusions- schicht auf der Kathodenoberfläche bestimmt wesentlich die Transportzeit der Ionen und damit die Abscheidungsgeschwindigkeit.

Die Reaktionspolarisation entsteht, wenn eine rein chemische vor- oder nachgelagerte Reaktion im Elektrolyten oder an der Elektrodenoberfläche gehemmt abläuft.

Durch die Hemmung des Ionenüberganges an der Deckschicht wird die Widerstandspolarisation verursacht. Bei der Chromsäurereduktion bildet sich eine solche Deckschicht auf dem 2. Ast der Stromdichte-Potential-Kurve als Kathodenfilm aus. Der katalytische Einfluß der Fremdsäure auf diese die Abscheidung behindernde Oxydhydratschicht wurde schon erläutert.

Die Durchtrittspolarisation hat ihre Ursache in Widerständen beim Übergang von Ladungen durch die elektrische Doppelschicht. Mit der Durchtrittspolarisation muß bei der Abscheidung von Metallen immer gerechnet werden.

Die Kristallisationspolarisation tritt auf bei Verzögerung des Einbaus der Metallionen (ad-Atome) in das Kristallgitter der Kathode.

Bei der galvanischen Metallabscheidung kommt es i. allg.
zu einer Überlagerung mehrerer Polarisationsarten. Wichtig
für die praktische Galvanotechnik ist die Gesamtpolarisa-
tion, da sie in die Elektrolysierspannung eingeht, die den
Elektrolysestrom und damit die kathodische Stromdichte bestimmt.

Entsprechend dem Verlauf der Stromdichte-Kathodenpoten-
tial-Kurve (Bild 26) steigt die Zahl der in der Zeitein-
heit an der Kathode entladenen Ionen und damit die Stromstärke. Der Konzentrationsunterschied zwischen Kathodenfilm und Lösungsinneren nimmt zu und damit auch die Diffusion. Schließlich kann der Fall eintreten, daß die entladungsfähigen Ionen, die durch Diffusion an die Kathode
gelangen, sofort entladen werden. Bei weiterer Steigerung
des Potentials kann der Strom nicht mehr zunehmen, da die
Zahl der entladungsfähigen Ionen ausschließlich durch Diffusion bestimmt wird. Die Grenzstromdichte i_{Gr} ist erreicht und die Abscheidungsgeschwindigkeit ist am Maximalwert angelangt. Die Höhe des Grenzstromes ist der Konzentration der entladungsfähigen Ionen proportional und hängt
von der Temperatur, Elektrolytbewegung und -zusammensetzung
ab [12].

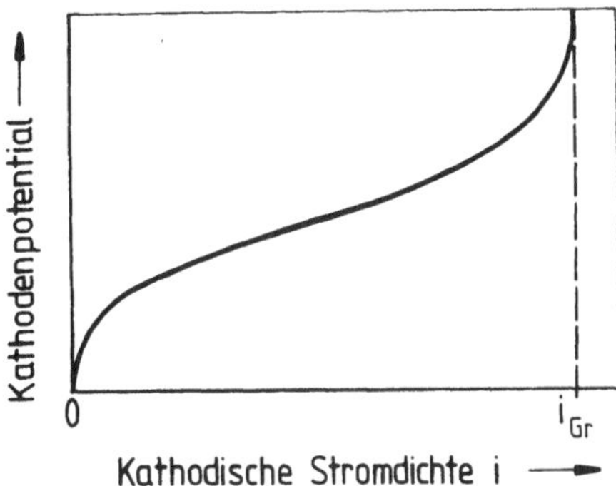

Bild 26: Schematische Darstellung einer Stromdichte-
Potential-Kurve

Um den Abscheidungsprozeß weiter zu beschleunigen, müssen
in der Elektrolysezelle Bedingungen geschaffen werden, die
eine hohe Umsatzgeschwindigkeit an den Elektroden und speziell an der Kathode ermöglichen. Ziel der Maßnahmen muß
die Verminderung der Dicke der Polarisationsschichten re-
spektive die vollständige Beseitigung sein, um die Ionenwanderung zu erleichtern.

Vor allem durch erzwungene Konvektion, also Erzeugung
starker Elektrolytströmungen, können die Transportvorgän-
ge, Diffusion und Ionenwanderung aufgrund des elektrischen
Feldes, unterstützt werden. Besonders durch turbulente
Strömungen muß es möglich sein, hohe Stoffkonzentrationen
an der Phasengrenzfläche bereitzustellen und so die Konzentrationsunterschiede abzubauen [19].

Wie Untersuchungen von Robinson und Gabe [70] zeigten,
kann die Dicke der Diffusionsschicht durch stärkere Bewegung des Elektrolyten um die Kathode (rotierende zylindri-
sche Kathode im Elektrolytbad) vermindert werden. Dadurch
wird die Grenzstromdichte zu höheren Werten verschoben und
eine schnellere Abscheidung durch die Anwendung größerer
Stromdichten möglich.

3.2.3 <u>Kristallwachstum und Metallverteilung im Zylinder</u>

Der Übergang der entladenen Metallatome in den kristalli-
nen Zustand, die Elektrokristallisation, ist das Endglied
in der Reihe der Vorgänge, die sich bei der galvanischen
Abscheidung eines Metalls an der Kathode abspielen.

Nach Le Blanc [71] und Kohlschütter [72] wird das Metall-
ion nach seinem Durchtritt durch die Helmholzsche Doppelschicht neutralisiert und zunächst von der Kathodenober-

fläche adsorbiert (ad-Atom). Dieses ad-Atom kann auf der
Kathodenoberfläche zu einer noch unfertigen Gitterebene
wandern und sich an von Fischer [73] und Lorenz [74] so genannten "Aktiv-" und "Wachstumsstellen" in seinen Gitter-
platz einschwingen. Die Kristallisation erfolgt nach dem
"wiederholbaren Schritt" [75], indem sich ein ad-Atom nach
dem anderen anlagert, wobei allerdings gegenüber neutralen
Kristallisationsvorgängen bei der Elektrokristallisation
neben den Gitterkräften gleichzeitig elektrostatische
Kräfte wirken.

Für das Wachstum elektrolytischer Metallschichten ist cha-
rakteristisch, daß es nicht im "freien Raum", sondern
stets auf einem Substrat, einer Metallunterlage erfolgt.
Bei geringer kathodischer Überspannung, entsprechend einer
elektrolytischen Abscheidung mit niedriger Stromdichte,
ist die für die Elektrokristallisation zugeführte Energie
ebenfalls gering, und die Kristallkeimbildung findet nur
an den energiestärksten Stellen der Abscheidungsfläche
statt. Solche Stellen können z.B. Ecken und Kanten sein,
wo die größten Stromdichten herrschen, aber auch Flächen-
mitten. Wo Kristallkeime entstehen, hängt allein vom kleinsten Energieaufwand für die Kristallisation ab. Von diesen
Kristallkeimen ausgehend wächst der Niederschlag sodann
wellenförmig über die gesamte Trägerfläche, wie in Bild 27
schematisch dargestellt. Dieses vorwiegend parallel zur
Trägerfläche erfolgende Wachsen ist günstig, da es glatte
Niederschläge gibt.

Bei hoher Überspannung jedoch, wie sie bei hohen Stromdichten auftritt, steht für die Kristallkernbildung mehr
Energie zur Verfügung. Infolgedessen wird die Kristallkernbildung erleichtert und das Wachsen des Niederschlages ist nicht auf die Richtung parallel zur Trägerober-
fläche begrenzt. Vielmehr kann das Wachsen jetzt auch
senkrecht zur Oberfläche erfolgen. Wenn für ein dreidimen-

sionales Wachstum dieser Art genügend Energie zur Verfügung
steht, entstehen rauhe und "bäumchenartig" ausgewachsene
Niederschläge. Diese Erscheinung ist i. allg. unerwünscht
und setzt der Abscheidungsgeschwindigkeit eine obere Grenze
[76].

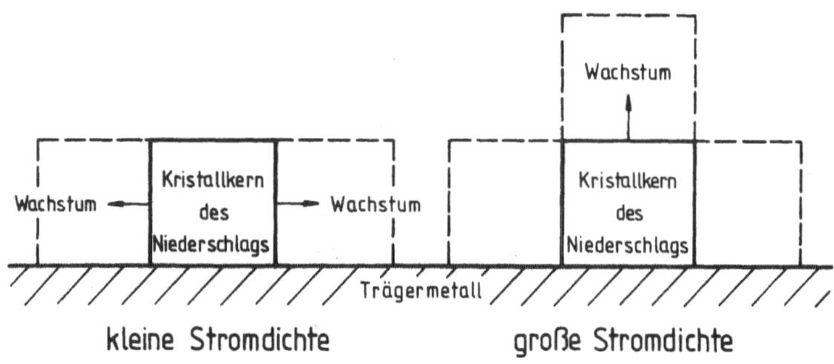

Bild 27: Schematische Darstellung des Kristallwachstums
bei kleinen und großen Stromdichten

Die Veränderung der Kristallisation und der Wachstumsrichtung des Chroms durch die Erhöhung der Stromdichte läßt
sich an den metallographischen Querschliffen in Bild 28
zeigen.

Bei kleiner Stromdichte wird eine dichte, geschlossene
Chromschicht abgeschieden, die keine bevorzugte Wachstumsrichtung erkennen läßt. Durch die höhere Stromdichte erhält die Chromschicht eine ausgeprägte Wachstumsrichtung
senkrecht zur Oberfläche des Grundmetalls, also in Stromlinienrichtung.

Bei stärkerer Vergrößerung, Bild 29, läßt sich unter dem
Elektronenmikroskop an Bruchflächen parallel bzw. senkrecht zur Stromlinienrichtung eine deutlich feldorientierte Fasertextur erkennen. In der stromlinienparallelen
Bruchfläche sind einige Mikrorisse zu sehen, die aber ein-
fach überwachsen werden.

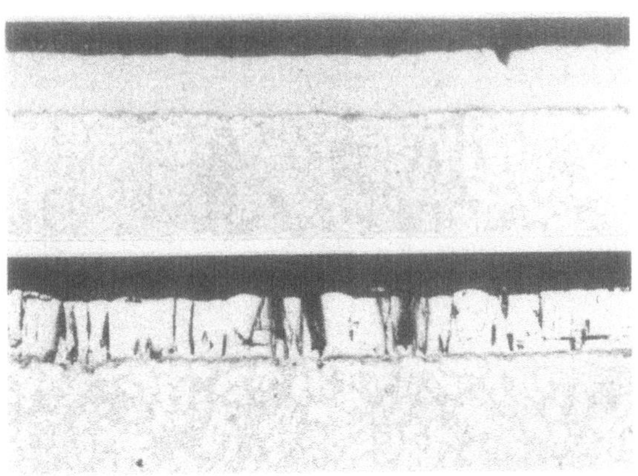

i = 50 A/dm^2
VM= 200
50 μm

i = 690 A/dm^2
VM= 200
50 μm

Bild 28: Änderung der Chromkristallisation durch die Stromdichte

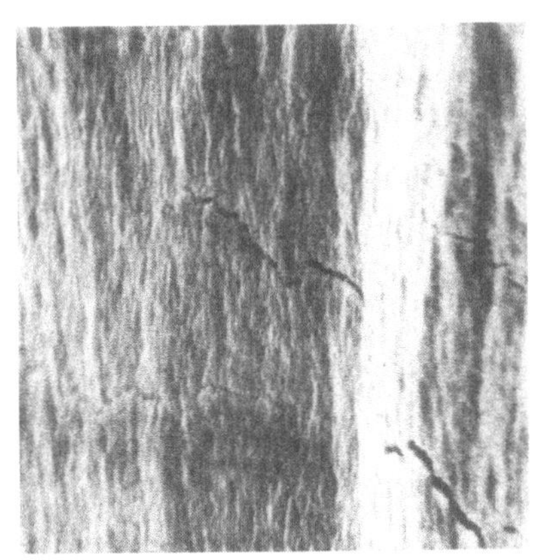

5 μm
VM = 2010; 88°
Bruchfläche parallel
zum Stromlinienverlauf

5 μm
VM = 2010; 50°
Bruchfläche senkrecht
zum Stromlinienverlauf

Bild 29: REM-Aufnahmen der Chromschicht-Fasertextur

Die Metallverteilung im Zylinder spiegelt das elektrische
Feld zwischen den Elektroden deutlich wieder, wie Bild 30
zeigt. Die Wachstumsrichtung des Chroms ist radial, entsprechend dem Verlauf der Stromlinien.

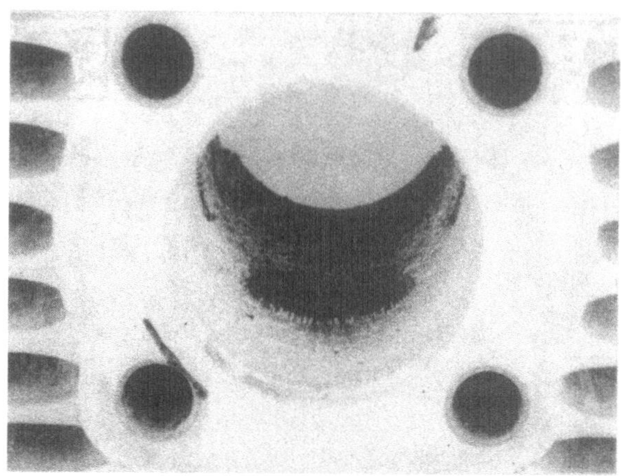

VM = 1,4

<u>Bild 30:</u> Die Verteilung des Chromniederschlags im
Zylinder

Vor allem am Bohrungsrand und an den Kanten der Zylinder-
durchbrüche bilden sich in verstärktem Maße knospenartige
Chromauswüchse. Dies wird dadurch verursacht, daß dort die
Stromlinien aus einem größeren Winkelbereich zusammentref-
fen und die örtliche Stromdichte größer ist.

Die Niederschlagsverteilung, die in der galvanotechnischen
Praxis mit Makro-Streufähigkeit bezeichnet wird, ist also
äußerst schlecht, da die örtlichen Dickenunterschiede des
Chromüberzugs sehr groß sind.

Es wird deutlich, welch großen Einfluß die primäre Stromverteilung auf die Metallverteilung hat, vor allem, wenn
die Hemmungen der sekundären Stromverteilung z.B. durch
einen strömenden Elektrolyten abgebaut werden und höhere
Stromdichten umgesetzt werden können.

3.3 Berechnung der Schichtdicke und der Abscheidungsgeschwindigkeit aufgrund der primären Stromverteilung

Nach dem 1. Faradayschen Gesetz ist die Menge m der an einer Elektrode umgesetzten Stoffmenge der durch die Elektrolytlösung hindurchgeflossenen Elektrizitätsmenge Q proportional.

$$m \sim Q$$
$$m = C \cdot Q \tag{12}$$

Da alle Ionen der gleichen Art gleiche Masse und gleiche Ladung haben, ist der Proportionalitätsfaktor C eine für die Ionenart charakteristische Konstante und heißt elektrochemisches Äquivalent A_e; es gibt diejenige Menge eines Stoffes an, die durch eine Ampèresekunde (= 1 Coulomb) umgesetzt wird.

$$m = A_e \cdot Q \tag{13}$$

Nach dem 2. Faradayschen Gesetz verhalten sich die von gleichen Elektrizitätsmengen an verschiedenen Elektroden umgesetzten Stoffmengen wie ihre Äquivalentgewichte A_c.

$$m_1 : m_2 = A_{c_1} : A_{c_2} \tag{14}$$

Das heißt aber, daß die elektrochemischen Äquivalente den molaren Massen der Ionen und damit auch ihren Zahlenwerten, den Äquivalentgewichten proportional sind:

$$A_e \cdot F = A_c \tag{15}$$

Die Konstante F wird Faraday-Konstante genannt.

$$F = \frac{A_c}{A_e} = 96500 \text{ Cb} = 26,8 \text{ Ah} \tag{16}$$

Sie gibt also die Elektrizitätsmenge an, die erforderlich ist, um ein Grammäquivalent eines beliebigen Stoffes abzuscheiden.

Wird (15) in (13) eingesetzt, erhält man

$$m = \frac{1}{F} \cdot A_c \cdot Q$$

$$m = \frac{1}{F} \cdot A_c \cdot I \cdot t \tag{17}$$

mit

$$V = \frac{m}{\rho} \tag{18}$$

folgt aus (17)

$$V = \frac{1}{F} \cdot \frac{A_c}{\rho} \cdot I \cdot t \tag{19}$$

Die Schichtdicke s wird über die Beziehung

$$s = \frac{V}{A_K} \tag{20}$$

in (19) eingebracht:

$$s \cdot A_K = \frac{1}{F} \cdot \frac{A_c}{\rho} \cdot I \cdot t$$

Sie ergibt sich dann zu:

$$s = \frac{1}{F} \cdot \frac{A_c}{\rho} \cdot \frac{I}{A_K} \cdot t \tag{21}$$

oder in Abhängigkeit der kathodischen Stromdichte

$$s = \frac{1}{F} \cdot \frac{A_c}{\rho} \cdot i_K \cdot t \tag{22}$$

$$s = C_1 \cdot i_K \cdot t \tag{23}$$

Die Konstante $C_1 = \frac{1}{F} \cdot \frac{A_c}{\rho}$ gibt das je Ladungseinheit abgeschiedene Volumen an und stellt eine Materialkonstante dar.

Bei der Elektrolyse finden, wie schon erläutert, außer der Metallabscheidung noch weitere Reaktionen statt, z.B.: Wasserstoff- und Sauerstoffentwicklung sowie Elektrolyterwärmung, so daß nicht der gesamte Strom für die Metallabscheidung zur Verfügung steht. Der prozentuale Anteil des Stromes, der tatsächlich zur Metallabscheidung verbraucht wird, wird als Stromausbeute bezeichnet. Die Stromausbeute ist definiert als

$$\eta = \frac{\text{tatsächlich abgeschiedene Metallmenge}}{\text{theoretisch abscheidbare Metallmenge}} \cdot 100 \; [\%] \qquad (24)$$

Unter Berücksichtigung der kathodischen Stromausbeute erhält man die Bestimmungsgleichung der Schichtdicke zu:

$$s = \frac{1}{F} \cdot \frac{A_c}{\rho} \cdot i_K \cdot t \cdot \eta \qquad (25)$$

$$s = C_1 \cdot i_K \cdot t \cdot \eta \qquad (26)$$

Die Abscheidungsgeschwindigkeit ergibt sich durch die Ableitung der Schichtdicke nach der Zeit.

$$\dot{s} = \frac{ds}{dt} = \frac{d\,[C_1 \cdot i_K(t) \cdot t \cdot \eta(t)]}{dt}$$

$$\dot{s} = C_1 \left(t \cdot \eta \cdot \frac{di}{dt} + i_K \cdot \eta + i_K \cdot t \cdot \frac{d\eta}{dt}\right) \qquad (27)$$

Nach (27) läßt sich die Abscheidungsgeschwindigkeit vergrößern durch die Erhöhung der kathodischen Stromdichte und durch die Verbesserung der Stromausbeute. Größere Stromdichten führen aber nur dann zum Erfolg, wenn die Stromausbeute mindestens konstant bleibt. Wenn sie mit steigender Stromdichte fällt, ist eine Intensivierung der Abscheidung nicht möglich. Die Therme der zeitlichen Änderung der Stromdichte und Stromausbeute sind mitverantwortlich dafür, daß kein konstantes Schichtwachstum erreicht wird. Da die Vergrößerung der Kathodenfläche durch die wachsende Schicht,

trotz kleiner werdendem Spalt, meist eine Verkleinerung
der kathodischen Stromdichte mit zunehmender Beschichtungszeit bewirkt, und die Stromausbeute i. allg. ebenfalls
kleiner wird [14], wird die Abscheidungsgeschwindigkeit mit
längerer Beschichtungszeit immer geringer. Das erklärt den
in der Galvanotechnik üblichen degressiven Verlauf der
Schichtdicke über der Beschichtungszeit.

4. DIE HARTVERCHROMUNG IM DURCHFLUSSVERFAHREN

Die Hartverchromung im Durchflußverfahren ist eine Zwischenstufe zwischen der konventionellen Badverchromung und der Verchromung durch Galvanisches Auftragshonen. Sie bietet die Möglichkeit, den Einfluß der elektrolytischen Parameter auf das Schichtwachstum und die Schichtausbildung aus einem strömenden Elektrolyten zu untersuchen.

Durch die Verwendung der Honahle als "Nur-Elektrode" kann die Auswirkung der ständigen Zufuhr frischen Elektrolyts in die Elektrolysezelle und der dadurch möglichen Erhöhung der Stromdichte, bei gleichen Rahmenbedingungen wie beim Galvanischen Auftragshonen geklärt werden. Um während des Durchflußverchromens keine Schattenbilder der in der Honahle eingebauten Honsteine auf der zu beschichtenden Bohrungsoberfläche zu bekommen, führt die Honahle die übliche Honbewegung aus.

Nach (27) gibt es zwei Möglichkeiten die Abscheidungsgeschwindigkeit zu steigern:

- Erhöhung der kathodischen Stromdichte i_K
- Verbesserung der kathodischen Stromausbeute η

4.1 Einfluß der kathodischen Stromdichte

Wie aus (11) ersichtlich, ist die Erhöhung der kathodischen Stromdichte möglich durch:

- Erhöhung der spezifischen Leitfähigkeit $\varkappa$
- Verkleinerung des Elektrodenabstandes $a = r_2 - r_1$
- Erhöhung der Spannung U

Da in den Versuchen einheitlich mit dem Hartchrom-Standard-
Elektrolyten gearbeitet wurde, war eine gezielte Veränderung der spezifischen Leitfähigkeit durch Konzentrations-
erhöhung ausgeschlossen.

Durch die Verringerung des Abstandes Anode-Kathode wird
der Widerstand verändert, den der Elektrolyt dem Stromfluß
entgegensetzt. Da die elektrische Leistung des Generators
mit dem Quadrat des Stromes steigt, ist es vernünftig,
wenn man mit hohen Stromdichten arbeiten will, den Spalt
möglichst klein zu machen. Die Ausbildung des primären
elektrischen Feldes wird bei kleinerem Abstand homogener
sein und die Elektrolytmenge zur Erreichung hoher Strömungsgeschwindigkeiten wird minimiert. Grenzen sind dadurch
gegeben, daß bei kleineren Elektrodenabständen die Kurz-
schlußgefahr zunimmt und außerdem die Antriebsleistung der
Elektrolytpumpe gesteigert werden muß, um den größeren
Druckabfall auszugleichen. Auch wird es bei geringen Spaltweiten immer problematischer, einen gleichmäßigen Elektrolytfluß zu gewährleisten und örtliche Veränderungen der
Elektrolytzusammensetzung, z.B. durch die Wasserstoffbil-
dung, im Spalt zu verhindern.

Unterschiedliche Spaltweiten wurden im Versuch durch den Austausch der Anodenhülse der Honahle, bzw. durch Anpassung des
Werkstückdurchmessers erreicht.

Die Auswirkung der Stromdichteerhöhung durch Verkleinerung
des Elektrodenabstandes auf die Abscheidungsgeschwindigkeit ist in Bild 31 zu erkennen.

Übliche Spaltweiten bei der Badverchromung liegen bei etwa
15 mm. Bei diesem Elektrodenabstand und einer Potential-
differenz von 5 V ergibt sich beim Durchflußverchromen mit
einer Elektrolytströmungsgeschwindigkeit von 85 cm/s eine
mittlere kathodische Stromdichte von 25 A/dm^2.

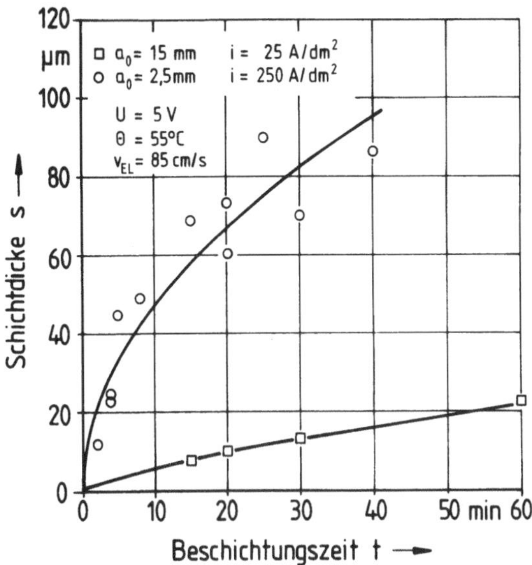

Bild 31: Abhängigkeit der Schichtdicke von der Beschichtungszeit und der Spaltweite

Die erreichte Abscheidungsgeschwindigkeit liegt mit 22 µm/h um 18 % höher als die von Weiner [14] bei 24 A/dm² und 55°C angegebene Bad-Abscheidungsgeschwindigkeit von 15,9 µm/h. Neben der besseren Ausbeute zeigt der (gegenüber der bei galvanischen Prozessen üblichen Degression) fast lineare Verlauf der Wachstumskurve die gleichbleibend guten Abscheidungsbedingungen durch den strömenden Elektrolyten.

Durch die Verringerung der Spaltweite auf 2,5 mm und der daraus resultierenden Stromdichte von 250 A/dm² konnte bei sonst gleichen Elektrolysebedingungen die Abscheidungsgeschwindigkeit auf das 6 - 10fache gesteigert werden. Vor allem während der ersten 5 min der Beschichtung konnte die erhöhte Stromdichte fast vollständig in Metallniederschlag umgesetzt werden. Mit längerer Beschichtungszeit ergibt sich eine stark degressive Wachstumsrate.

Daraus läßt sich schließen, daß sich durch die hohe Stromdichte die Abscheidungsbedingungen im Spalt im Laufe der
Beschichtung sehr stark ändern.

Die Auswirkung der erhöhten Stromdichte bei konstanter
Spannung auf die Schichtausbildung wird in den elektronen-
mikroskopischen Aufnahmen (REM) des Bildes 32 deutlich.

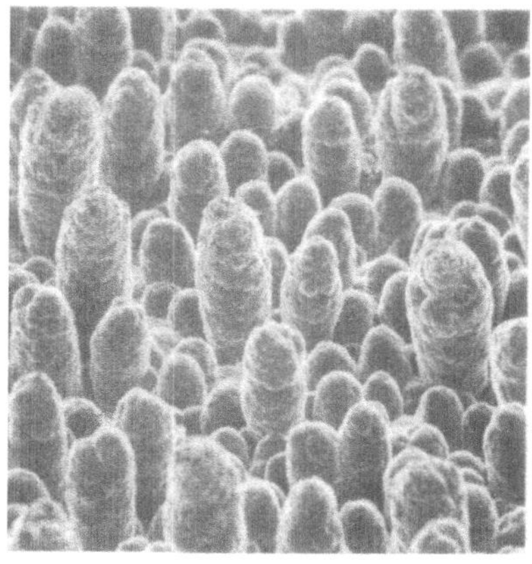

$U = 5\ V$ $U = 5\ V$

$a_o = 15\ mm$ $a_o = 2,5\ mm$

$i = 25\ A/dm^2$ $i = 250\ A/dm^2$

$t = 30\ min$ $t = 30\ min$

$VM = 100;\ 60^o$ $100\mu m$ $VM = 100;\ 60^o$

Bild 32: Einfluß der Spaltweite auf die Schichtausbildung

Bei der großen Spaltweite erkennt man das von der Badverchromung her bekannte gleichmäßige, das Ausgangs-Drehpro-
fil nur wenig einebnende Chromwachstum. Die größere Energiedichte bei kleiner Spaltweite führt zu einem stark
knospigen, feldorientierten Auswachsen des Chroms. Nach
30 min kann von einem zusammenhängenden Metallüberzug
nicht mehr gesprochen werden. Es ergibt sich ein isoliertes
Wachstum einzelner Chromknospen auf der Kathode.

Die Oberflächenvergrößerung durch die Chromknospen und die
damit verbundene Verringerung der Stromdichte auf der Kathode trägt sicher zur Verminderung der Abscheidungsgeschwindigkeit bei. Auch ist es möglich, daß es durch die
zunehmende Rauhigkeit der Oberfläche zu verstärkten Stromhemmungen kommt, die durch den Elektrolytfluß nicht mehr
ausgeglichen werden konnten.

Eine weitere Erhöhung der Stromdichte bei den vorliegenden
Elektrolysebedingungen scheint deshalb problematisch. Den-
noch soll im Hinblick auf das Galvanische Auftragshonen
die dritte Möglichkeit zur Steigerung der Stromdichte,
nämlich die Erhöhung der Spannung bei kleinen Spaltweiten,
untersucht werden.

Wie Bild 33 zeigt, kann durch die Verdoppelung der Spannung von 5 V auf 10 V auch eine Vergrößerung der abgeschiedenen Chrommenge erreicht werden. Besonders deutlich ist
dies in den ersten Minuten der Elektrolyse, während der
Zuwachs der Schichtdicke mit zunehmender Beschichtungszeit
immer geringer wird.

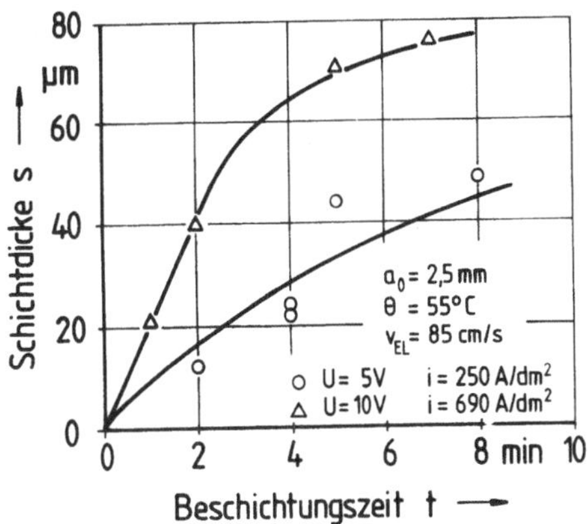

Bild 33: Abhängigkeit der Schichtdicke von der Beschichtungszeit und der Spannung

Die Auswirkung der erhöhten Spannung und der sich daraus
ergebenden Steigerung der mittleren kathodischen Stromdichte auf 690 A/dm^2 auf die Schichtausbildung ist in
Bild 34 zu erkennen. Der Knick der Wachstumslinie bei etwa 3 min spiegelt sich im 5 min-Bild der 10 V-Schicht wieder. Die hohe Abscheidungsgeschwindigkeit wird nach der
Überdeckung des Grundmetalles nur noch an wenigen Wachstumsstellen beibehalten. Dies führt zu vereinzelten Chromknospen, die teilweise bäumchenartige Verzweigungen zeigen
und unter dem Einfluß der höheren Spannung wesentlich
schlanker und höher ausfallen als beim Vergleichsbild der
5 V-Schicht; die Knospendichte ist noch geringer geworden.

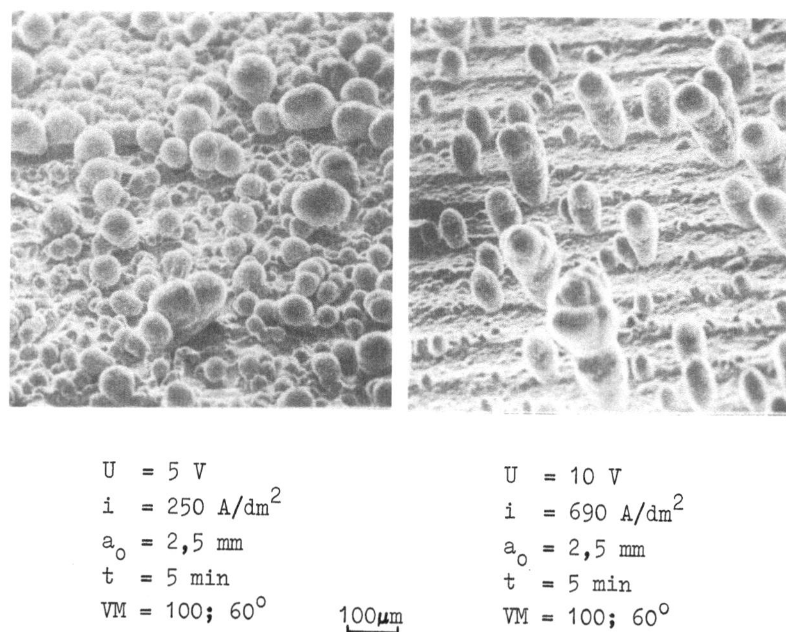

Bild 34: Einfluß der Spannung auf die Schichtausbildung

4.2 Grundchromschicht und Knospenwachstum

Wie gezeigt wurde, kann die Wachstumsgeschwindigkeit durch
Erhöhung der Stromdichte verbessert werden, da die höhere
Stromdichte bei strömendem Elektrolyten in Metallniederschlag umgesetzt werden kann. Die Umsetzung ist vor allem
in der Anfangsphase der Beschichtung gut, weil sich auch
bei hohen Stromdichten immer erst eine geschlossene "Grundchromschicht" bildet, die die Aluminiumoberfläche vollständig bedeckt (Bild 35).

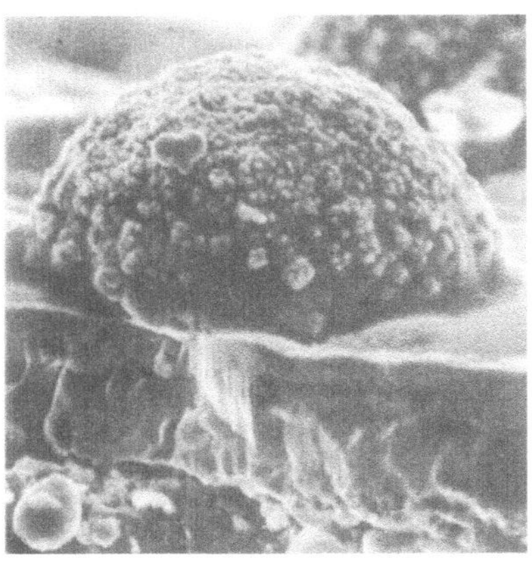

10μm   VM = 1000; 83°

__Bild 35:__ Grundchromschicht und Knospenwachstum

Dieses flächenhafte Wachstum der Chromschicht läßt auf
eine gleichmäßige Verteilung und hohe Zahl an Wachstumsstellen zu Beginn der Beschichtung schließen. Erst im weiteren Verlauf der Elektrolyse zeigt sich eine mit der
Stromdichte anwachsende Knospigkeit des Niederschlages.

Dabei lassen sich grundsätzlich drei Schicht-Wachstums-
typen bei der Chromabscheidung mit hohen Stromdichten

unterscheiden:

- Primärer Wachstumstyp   : Grundchromschicht mit
                            gleichmäßiger Schichtdicke

- Sekundärer Wachstumstyp: Knospenbildung auf der
                            Grundchromschicht

- Tertiärer Wachstumstyp : Bäumchenartiges Auswachsen
                            der Chromknospen

Nur der primäre Wachstumstyp bildet eine geschlossene
Chromschicht und ist deshalb für die technische Nutzung
als Verschleißschutzschicht interessant. Wie aus Bild 36
hervorgeht, wächst die Grundchromschicht zuerst fast gleichmäßig auf, bevor ihr Wachstum deutlich hinter dem Knospenwachstum und damit der Gesamtschichtdicke zurückbleibt.

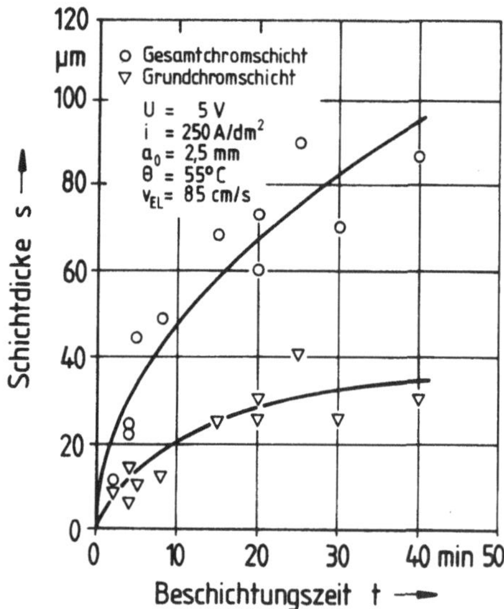

Bild 36: Vergleich der Wachstumsgeschwindigkeit von
         Grundchromschicht und Gesamtchromschicht

Durch das überproportionale Wachstum der Chromknospen, es
wurden als Knospenhöhen z.B. 85 µm nach 5 min oder 160 µm
nach 25 min aus Querschliffen gemessen, wird der Abstand
zwischen Gesamt- und Grundchromschicht mit zunehmender Beschichtungszeit immer größer. Die Frage nach der Ursache
dieses Unterschiedes in der Wachstumsgeschwindigkeit von
Knospen und Grundchromschicht ist berechtigt. Wie allgemein bekannt, verdichten sich die Stromlinien an hervor-
tretenden Spitzen und Kanten. Die Stromdichte ist also z.B.
an den Bergen des Ausgangs-Drehprofils höher als im Tal
und somit ist auch die Wachstumsgeschwindigkeit hier grös-
ser (Bild 37).

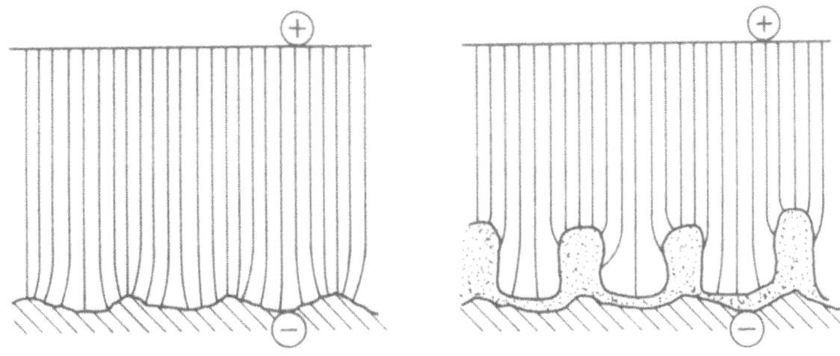

Bild 37: Änderung des Stromlinienverlaufes durch das
Knospenwachstum

Normalerweise wird die steigende Abscheidungsgeschwindigkeit aufgrund der erhöhten Stromdichte aber durch die grös-
sere Polarisation und damit verstärkte Abscheidungshemmung
wieder ausgeglichen. Bei Chrom kommt dieser Einebnungs-
effekt der sekundären Stromverteilung aber kaum zum Tragen,
da bei höherer Stromdichte eine größere Stromausbeute erreicht wird [12, 14]. Da bei der Chromabscheidung die
Stromausbeuteerhöhung aufgrund der höheren Stromdichte an
den Knospen die Polarisationserhöhung überwiegt, wachsen
die Chromknospen unaufhaltsam weiter.

Außerdem kann sich die verstärkte Polarisation bei einem
strömenden Elektrolyten nicht so gut ausbilden, so daß das
Knospenwachstum noch weniger gebremst wird. Es ist sicher
so, daß die Elektrolytverwirbelung an den Knospen größer
ist und der Einfluß der Konzentrationspolarisation deshalb
kleiner ist als in den tieferliegenden Oberflächenberei-
chen zwischen den Knospen. Hier können sich die Polarisationsschichten besser ausbilden, weil der Elektrolyt durch
die geringere Ionenzufuhr verarmt. Auch die zunehmende
elektrische Abdeckung der Grundchromschicht durch die
Stromlinienkonzentration an den Knospen verhindert das
Nach- bzw. Weiterwachsen der Grundchromschicht.

Robinson und Gabe [70], die bei der Schnellabscheidung von
Kupfer ähnliche Wachstumstypen feststellten, erklären das
schnelle knospige Wachstum sogar dadurch, daß die Knospen
die Dicke der Diffusionsschicht durchdringen und in der
turbulenten Zone des Elektrolyt-Flusses wachsen.

Im Hinblick auf die Erzeugung einer Verschleißschicht müssen die Abscheidungsbedingungen so geändert werden, daß
die Grundchromschicht größere Schichtdicken erreicht, und
der Abstand zwischen Grundchromschicht und Knospenspitzen
verringert wird; d.h. der Füllungsgrad, also das Volumen-
verhältnis von Knospen zu unausgefüllten Zwischenräumen
muß verbessert werden.

4.3 Verbesserung des Wachstums der Grundchromschicht

Zur Erzielung eines gleichmäßigen Schichtwachstums bietet
sich die Änderung der Temperatur und vor allem der Strömungsgeschwindigkeit des Elektrolyten an.

Da bei konstanter Stromdichte die Stromausbeute bei Chrom
im Bad mit fallender Elektrolyttemperatur steigt [12, 14],
also bessere Abscheidungsbedingungen vorliegen, könnte
dies bei hohen Stromdichten zu einer Vergleichmäßigung des
Schichtaufbaues führen.

Durch die Erhöhung der Strömungsgeschwindigkeit des Elektrolyten im Spalt findet der Übergang von laminarer zu
turbulenter Strömung statt. Während bei der durch parallele Stromlinien gekennzeichneten Laminar-Strömung kein Austausch zwischen den Strömungsschichten stattfindet, wird
die Hauptbewegung bei der turbulenten Strömung durch ungeordnete Mischbewegungen überlagert. Diese Wirbel ermöglichen Teilchenbewegungen quer zur Hauptströmungsrichtung
und führen damit zu einer gleichmäßigeren Zusammensetzung
des Elektrolyten im Spalt.

Das Kriterium für die jeweilige Strömungsausbildung ist
die Reynolds-Zahl. Lahrs [77] gibt für durchströmte Ringspalte folgende Werte an:

$$Re < 2300 \qquad \text{laminare Strömung}$$
$$2300 < Re < 2900 \qquad \text{Übergangsgebiet}$$
$$2900 < Re \qquad \text{turbulente Strömung}$$

Wie die Geschwindigkeitsverteilungen in Bild 38 zeigen,
ist das Profil bei turbulenter Strömung gleichmäßiger.

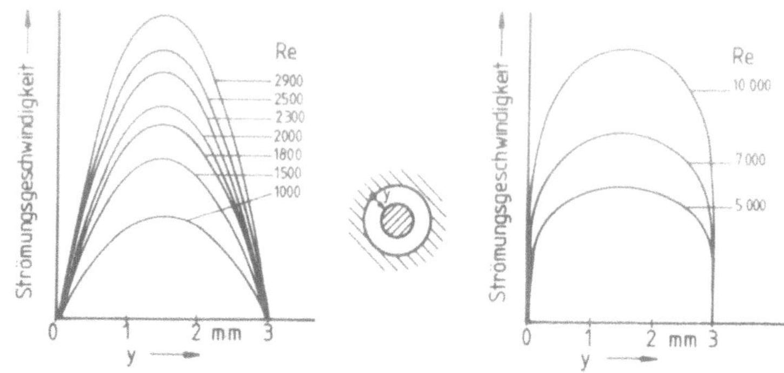

Bild 38: Geschwindigkeitsprofile im konzentrischen Ring-
spalt [77]

Vor allem ist die Strömungsgeschwindigkeit in den Randzo-
nen, an den Elektroden, durch die Turbulenz größer. Analog der Abnahme der Grenzschichtdicke mit steigender
Reynolds-Zahl, läßt sich auch ein verstärkter Abbau der
Elektrolyse-Polarisationsschichten bei größerer Turbulenz
erwarten.

4.3.1 Einfluß der Elektrolyttemperatur

Der Variation der Elektrolyttemperatur sind enge Grenzen
gesetzt, da sich Chrom nur in einem der jeweiligen Stromdichte genau zugeordneten, kleinen Temperaturgebiet in der
brauchbaren, harten und glänzenden Form abscheidet [12, 14].

Die Auswirkung einer tieferen Elektrolyteintrittstemperatur auf das Schichtwachstum ist in Bild 39 dargestellt.
Die Chromschicht wächst aus dem 45°C-Elektrolyten wesentlich schneller als aus dem im Badverfahren üblichen 55°C-
Elektrolyten.

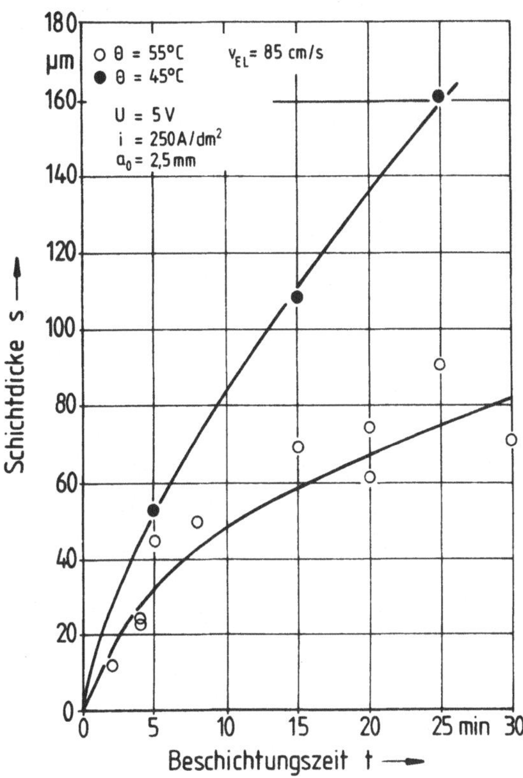

Bild 39: Schichtwachstum in Abhängigkeit von der Elektrolyteintrittstemperatur

Die Stromausbeute steigt also auch beim Durchflußverfahren
mit fallender Elektrolyttemperatur; außerdem wächst die
Schicht gleichmäßiger, da die 45°C-Wachstumskurve auch
bei längeren Beschichtungszeiten keine ausgeprägte Abflachung aufweist. Bestätigt wird dies durch Bild 40, das den
Temperatureinfluß auf die Schichtausbildung nach verschiedenen Beschichtungszeiten zeigt.

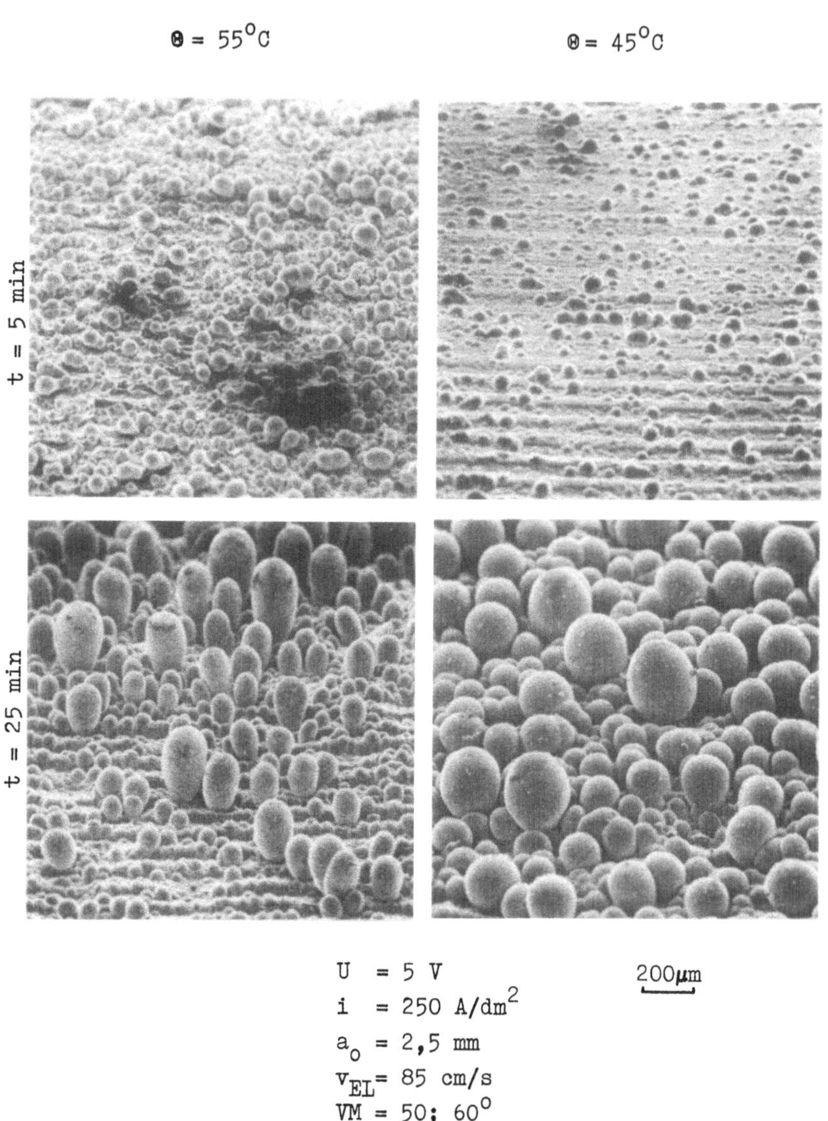

Bild 40: Einfluß der Elektrolyttemperatur auf die Schichtausbildung

Nach einer Beschichtungszeit von 5 min ist bei 55°C die
Knospenbildung auf der Grundchromschicht schon weit fort-

geschritten, während bei 45°C der sekundäre Wachstumstyp erst im Ansatz zu erkennen ist. Dies bedeutet, daß die Grundchromschicht länger wächst und somit eine dickere, geschlossene Chromschicht erreicht wird. Die Mikrostreufähigkeit ist also bei 45°C besser als bei 55°C; bei der 55°C-Schicht sind außerdem zahlreiche Risse und Aufwerfungen zu beobachten.

Nach 25 min sind die Knospen bei beiden Temperaturen voll ausgebildet. Es fällt jedoch auf, daß die Knospen bei 45°C runder sind und dichter beieinander sitzen, der Füllungsgrad also wesentlich besser ist als bei den noch vereinzelt stehenden, schlankeren Knospen aus dem 55°C-Elektrolyten.

4.3.2 Einfluß der Strömungsgeschwindigkeit

Durch den Parameter "Strömungsgeschwindigkeit des Elektrolyten im Bearbeitungsspalt" kann

- die Zufuhr frischen Elektrolyts an die Kathodenoberfläche (Werkstück),
- die Abfuhr der Reaktionsgase Sauerstoff und Wasserstoff,
- die Erwärmung des Elektrolyten im Spalt,
- der Abbau der Polarisationsschichten

beeinflußt werden. Die daraus resultierenden Änderungen im Spalt der Elektrolysezelle haben Auswirkungen auf den Elektrolytwiderstand und die Abscheidungsbedingungen an der Phasengrenze Elektrolyt-Werkstückoberfläche.

Es wurden 3 Strömungsgeschwindigkeiten untersucht und die zugehörigen Reynolds-Zahlen berechnet. Unter Berücksichtigung der Ringspalt-Geometrie ergaben sich folgende Werte:

$$v_{EL} = \quad 85 \text{ cm/s} \longrightarrow \text{Re} = \quad 5700$$

$$v_{EL} = 250 \text{ cm/s} \longrightarrow \text{Re} = 16900$$

$$v_{EL} = 500 \text{ cm/s} \longrightarrow \text{Re} = 33800$$

Die zur Berechnung von Re notwendigen Zähigkeiten der
Chromsäure basieren auf den Angaben von Slotte [78]. Da
alle errechneten Reynolds-Zahlen über dem kritischen Wert
von 2900 liegen, wird sich die Strömung in allen Fällen
turbulent ausbilden.

Wie Bild 41 zeigt, kann durch Erhöhung der Elektrolytge-
schwindigkeit von 85 cm/s auf 250 cm/s eine Steigerung der
Wachstumsgeschwindigkeit der Chromschicht erzielt werden.
Allerdings ergibt eine weitere Erhöhung der Strömungsgeschwindigkeit auf 500 cm/s keinen weiteren Anstieg der Ausbeute.

Auch Sachbazov [23] stellte in seinen Untersuchungen ein
solches Maximum bei der Durchflußverchromung fest, bedingt
durch kleinere Stromdichten aber bei kleineren Strömungsgeschwindigkeiten.

Bezüglich der Wachstumsgeschwindigkeit zeigte sich bei
einer Stromdichte von i = 250 A/dm^2 die mittlere Strömungsgeschwindigkeit als optimal. Bei 250 cm/s ist die Degression der Wachstumskurve mit wachsender Beschichtungszeit
am kleinsten.

Wenn man die Erkenntnisse über den Einfluß der Elektrolyttemperatur hier einfließen läßt und die Abscheidung aus
einem 45°C-Elektrolyten bei der optimalen Strömungsgeschwindigkeit vornimmt, wird ein fast linearer Zusammen-
hang zwischen Schichtdicke und Beschichtungszeit erreicht;
der Anstieg der Ausbeute ist deutlich.

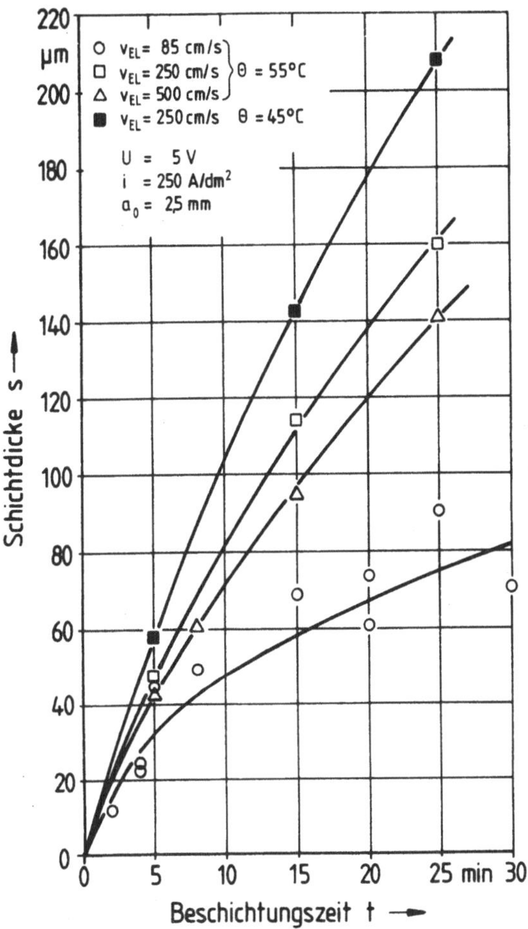

Bild 41: Schichtwachstum in Abhängigkeit von der Strömungsgeschwindigkeit

Aus den REM-Aufnahmen in Bild 42 ist die Auswirkung unterschiedlicher Strömungsgeschwindigkeiten auf die Schichtausbildung zu ersehen. Schon nach 5 min Beschichtungszeit ist erkennbar, daß sich bei der höchsten Strömungsgeschwindigkeit die Knospenbildung noch im Anfangsstadium befindet, während sie bei 85 cm/s schon voll ausgeprägt ist. Alle

Bilder zeigen jedoch die 55°C-spezifische Rißbildung mit
wulstigen Aufwerfungen der Schicht, wahrscheinlich aufgrund der hohen Zugeigenspannungen des Chroms.

Nach 15 min haben sich bei 85 cm/s kaum Veränderungen ergeben, dagegen ist das Schicht- und Knospenwachstum bei
250 cm/s bedeutend vorangeschritten und läßt ein besseres
Wachstum der Grundchromschicht erkennen. Bei v_{EL} = 500 cm/s
können keine so großen Einzelknospen festgestellt werden,
vielmehr wächst die Grundchromschicht gleichmäßig auf.

Die Ansichten der Chromschicht nach 25 min machen die Auswirkung variierter Strömungsgeschwindigkeit auf das Sekun-
därwachstum besonders deutlich: Bei kleiner Strömungsgeschwindigkeit überwiegt das schlanke Knospenwachstum, während mit zunehmenden Werten von v_{EL} die Knospen runder
werden und eine größere Fläche bedecken. Bei 500 cm/s ra-
gen die Knospenspitzen nur noch wenig aus der sonst geschlossenen Schicht heraus; der Füllungsgrad ist besser
als bei kleinen Strömungsgeschwindigkeiten. Die gleichmäs-
sigere Schichtdicke zeugt von besseren Abscheidungsbedingungen aufgrund der Turbulenz und dem damit verbundenen,
über die ganze Oberfläche ausgeglichenen Abbau der Polarisationsschichten.

Der Vergleich mit den REM-Aufnahmen der 45°C-Schicht zeigt,
daß die Gleichförmigkeit des Wachstums bei tieferen Elektrolyttemperaturen schon bei kleineren Strömungsgeschwindigkeiten erreicht wird.

Als Ergebnis kann festgehalten werden, daß ein gleichmäßigeres Schichtwachstum des Chroms aus einem strömenden Standard-Elektrolyten bei hohen Stromdichten am besten bei
tieferen Temperaturen, als die im Bad üblichen 55°C, und
vor allem bei hohen Strömungsgeschwindigkeiten erreicht
wird.

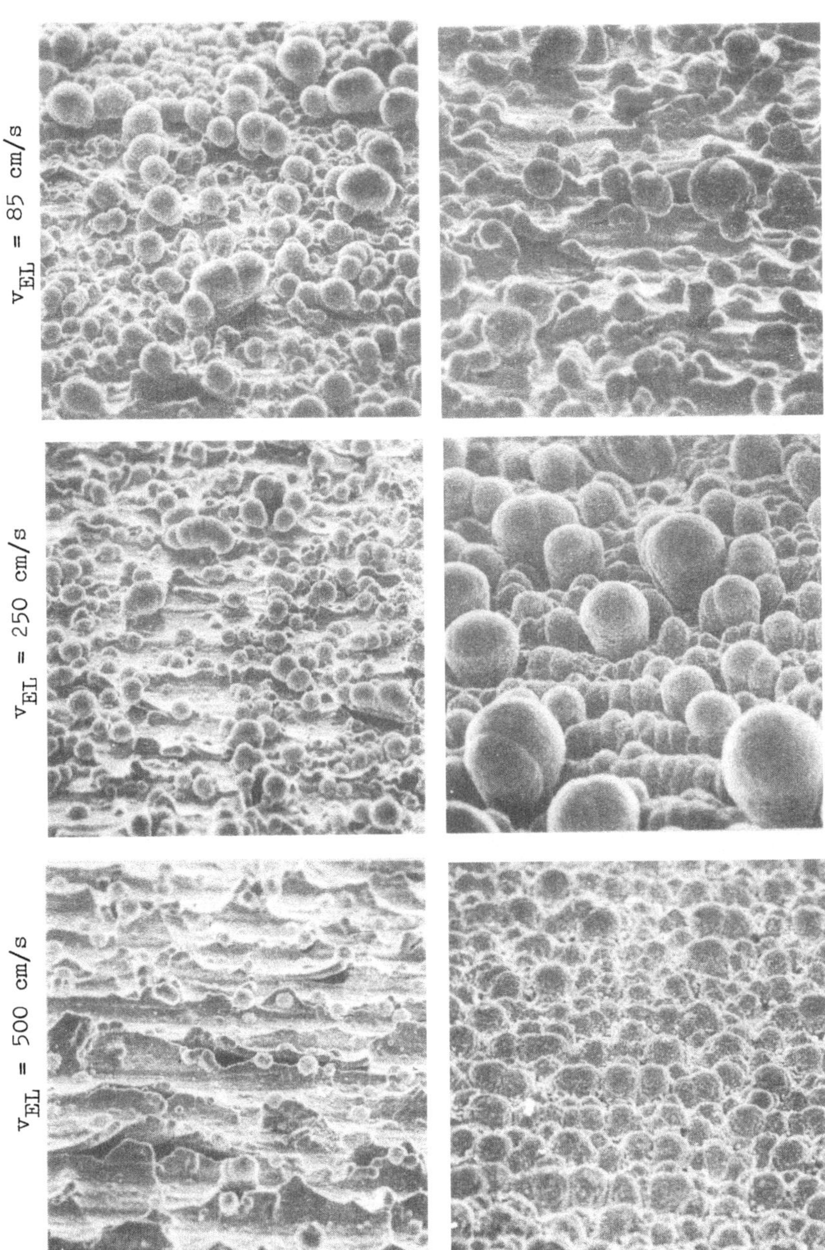

t = 5 min
Θ = 55°C
t = 15 min
Θ = 55°C
v_EL = 85 cm/s
v_EL = 250 cm/s
v_EL = 500 cm/s

t = 25 min
Θ = 55°C

t = 25 min
Θ = 45°C

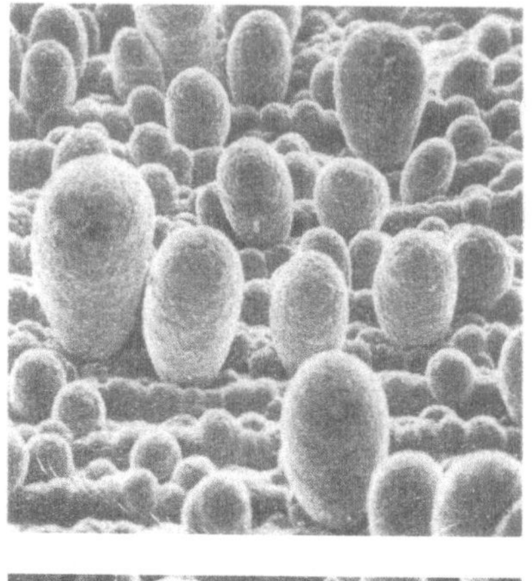 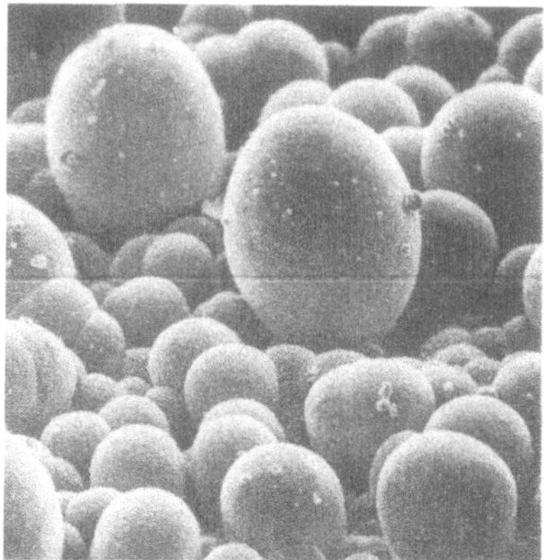

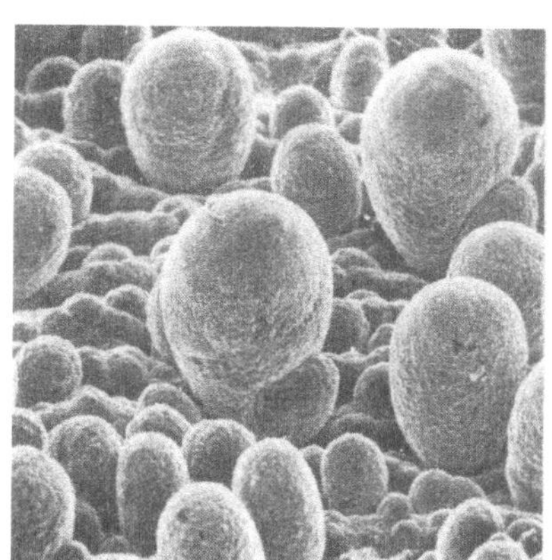 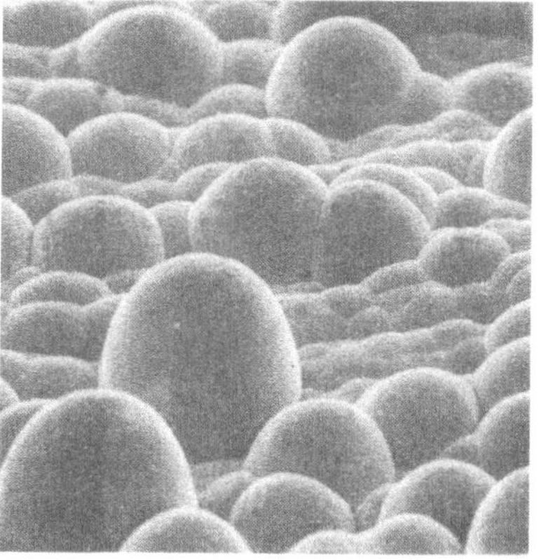

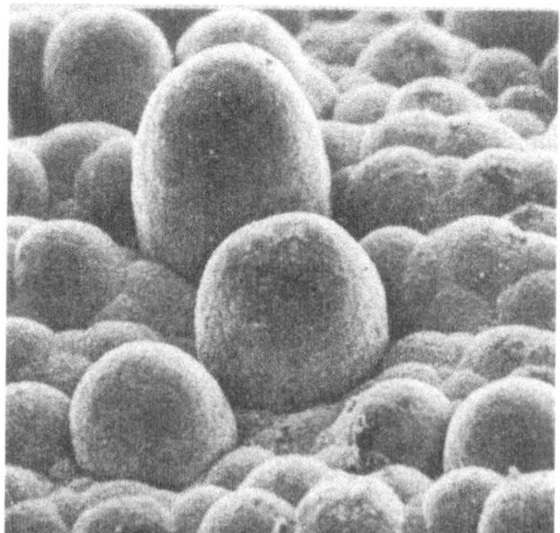

VM = 100; 60°   100µm

U = 5 V

i = 250 A/dm^2

a_o = 2,5 mm

Bild 42: Einfluß der
Strömungsgeschwindigkeit
des Elektrolyten auf die
Schichtausbildung

4.4 Abscheidungsgeschwindigkeit und Stromausbeute

Aufgrund des nichtlinearen Verlaufs der Wachstumskurven
ist es nicht möglich, für eine bestimmte Parameterkombination einen konstanten Wert für die Abscheidungsgeschwindigkeit des Chroms anzugeben. Ein sinnvoller Vergleich ist
nur anzustellen, wenn der Bezug zu einer geforderten
Schichtdicke über die dafür erforderliche Beschichtungszeit hergestellt wird. In Bild 43 wurde dazu die für den
Zweitakt-Zylinder vorgesehene Schichtdicke von 75 μm verwendet.

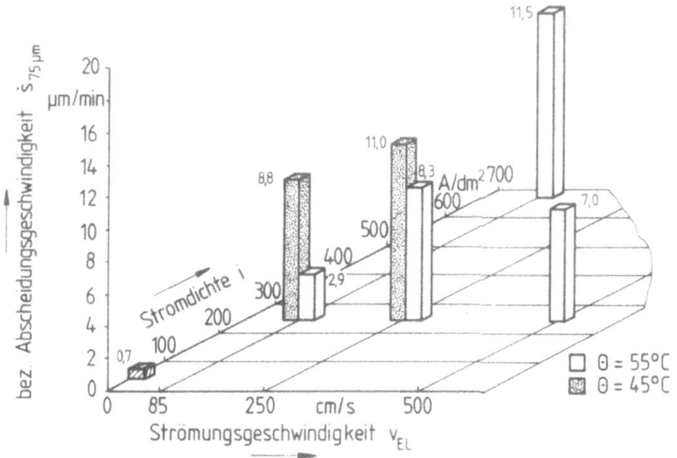

<u>Bild 43:</u> Abscheidungsgeschwindigkeit als Funktion von
Stromdichte, Strömungsgeschwindigkeit und
Elektrolyttemperatur

Der Vergleich der Abscheidungsgeschwindigkeit im Bad
(v_{EL} = 0) mit der des Durchflußverchromens im Bild 43
zeigt einen maximalen Anstieg um das 17fache. Die Steigerung der Ausfällung mit zunehmender Stromdichte und tie-
ferer Elektrolyttemperatur ist deutlich und das Ausbeute-

maximum bei 250 cm/s Strömungsgeschwindigkeit sichtbar.

Da das elektrochemische Äquivalent des Chroms infolge seiner Sechswertigkeit in der Chromsäure besonders niedrig liegt, ist der Stromverbrauch bei der galvanischen Verchromung ungefähr 50mal höher als bei der Abscheidung anderer Metalle. Da auch die Badspannung bei der Verchromung erheblich höher ist als bei den meisten anderen galvanischen Verfahren, ist der Energieverbrauch hier rund 100mal höher als bei anderen Metallen. Während die Stromkosten sonst in der Galvanotechnik meist keinen Hauptkostenpunkt darstellen, fallen sie bei der galvanischen Verchromung doch bereits ins Gewicht und Einsparungen sind sehr erwünscht. Im größeren Umfang ist dies nur durch Erhöhung der Stromausbeute möglich [14].

Die kathodische Stromausbeute ist als Wirkungsgrad der Gradmesser guter Abscheidungsbedingungen. Bei den üblichen Arbeitswerten bei der Hartverchromung aus dem Sulfatbad beträgt die Stromausbeute 10 - 20 % [12, 14]. Dieser Wert zeigt, wie schlecht die aufgebrachte Energie im Badverfahren in Metallniederschlag umgewandelt wird.

In Bild 44 sind die auf 75 µm bezogenen Stromausbeuten, die im Durchflußverfahren erreicht wurden, dem Stromausbeutebereich des Badverfahrens (schraffiert) gegenübergestellt. Bei der Stromdichte von 250 A/dm^2 wird der Einfluß der Strömungsgeschwindigkeit und der Elektrolyttemperatur auf den Wirkungsgrad deutlich. Bei einer Elektrolyttemperatur von 55°C konnten bis zu 42,8 % der aufgewendeten Energie in Chromniederschlag umgesetzt werden; aus dem 45°C-Elektrolyten konnte die Stromausbeute sogar auf 56,7 % erhöht werden. Selbst bei 690 A/dm^2 sorgt der turbulent strömende Elektrolyt für eine dem Wert des Badverfahrens vergleichbare Stromausbeute.

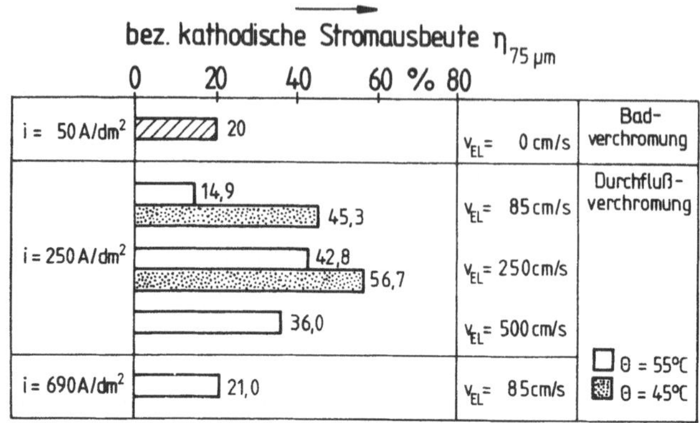

Bild 44: Kathodische Stromausbeute bei der Durchflußverchromung

4.5 Durchflußverchromung - Galvanisches Auftragshonen

Wie dargestellt wurde, kann durch einen die Elektrolysezelle durchströmenden Elektrolyten die Stromausbeute verbessert werden und damit der Abscheidungsprozeß der Hartverchromung intensiviert werden.

Durch den Abbau der Polarisationsschichten ist es möglich, höhere Ströme bei der Elektrolyse zu verwenden und so die Abscheidungsgeschwindigkeit zu erhöhen. Die gesteigerte Stromdichte bewirkt jedoch eine Verstärkung des chromspezifischen Knospenwachstums. Dieser zunehmenden Rauheit der Chromschicht kann zwar durch die Elektrolyseparameter Strömungsgeschwindigkeit und Elektrolyttemperatur entgegengewirkt werden, doch verbleibt vor allem nach langen Beschichtungszeiten, wie sie zur Bildung von dicken Verschleißschutzschichten nötig sind, immer eine Restknospigkeit. Aus diesem Grund erfüllen die im Durchflußverfahren erzeugten Hartchromschichten, in bezug auf Mikro- und

Makrogeometrie nicht die Anforderungen, die an eine Zylinderlaufbahn gestellt werden.

Zur Erreichung einer funktionsgerechten Oberfläche und Bohrungsform müssen die im Durchflußverfahren abgeschiedenen Chromschichten nachgearbeitet werden, analog zu den im Bad erzeugten Schichten. Die größere Knospigkeit verursacht dabei eine Verlängerung der Nacharbeitszeit sowie der Beschichtungszeit, die zur Erreichung einer Soll-Schichtdicke notwendig ist. Der Anstieg der Abscheidungsgeschwindigkeit kommt deshalb nicht im vollen Umfang bei der Fertigungszeit der Zylinder und damit auf der Kostenseite zum Tragen.

Durch das Überschleifen der Honsteine während des elektrolytischen Schichtwachstums soll beim Galvanischen Auftragshonen versucht werden, die starke Knospenbildung zu verhindern. Die sonst notwendige mechanische Nachbearbeitung wird also in den Wachstumsprozeß eingebracht, wodurch ein gleichmäßiger Schichtaufbau mit besserer Maß- und Formgenauigkeit, sowie eine für Zylinderlaufbahnen ausreichende Oberflächengüte erreicht werden sollte. Unter diesem Gesichtspunkt scheint eine Erhöhung der Stromdichte als gegeben, da sich der sekundäre und tertiäre Wachstumstyp nicht mehr wird ausbilden können. Trotz dem überlagerten Abtrag der Honsteine, der so gering wie möglich gehalten werden sollte, erscheint eine größere Abscheidungsgeschwindigkeit möglich, unterstützt durch den besseren Abbau der Polarisationen durch die Honsteine. Während des Schleifkontakts Honstein-Bohrungswand kann eine vollständige Entfernung der Polarisationsschichten angenommen werden; bessere Abscheidungsbedingungen sollten die Folge sein, bei einer weiteren Verbesserung der Stromausbeute.

5. DIE HARTVERCHROMUNG DURCH GALVANISCHES AUFTRAGSHONEN

5.1 Direktverchromung des Aluminiums

Da die Hartverchromung von Aluminiumzylindern heutzutage
im Badverfahren ohne Zwischenschichten erfolgt, muß die
Hartverchromung durch Galvanisches Auftragshonen ebenfalls
direkt auf Aluminium vorgenommen werden. Wenn dies nicht
möglich wird, wird der Vorteil der schnelleren Abscheidungsgeschwindigkeit beim Auftragshonen durch höhere Ko-
sten bei der Schaffung einer Basisschicht auf dem Aluminium, z.B. durch eine Zinkatbehandlung, wieder gemindert.

Da Aluminium als stark unedles Metall sehr leicht eine
Oxydschicht auf der Oberfläche bildet, muß vor der Beschichtung für eine gute Entfernung dieser Schicht, sowie
für absolute Entfettung Sorge getragen werden. Für die
durchgeführten Versuchsreihen wurde dazu eine chemische
Ätzung der Zylinderbohrung in Form eines modifizierten
Nickel-Tauchverfahrens durchgeführt. Die Entfernung der
Oxydschicht durch eine mechanische Honung in der Auftrags-
-Honmaschine selbst wurde von Anfang an nicht in Betracht
gezogen, da eine Anreicherung des Elektrolyten mit Aluminium die Folge gewesen wäre, die zur Unbrauchbarkeit des
Elektrolyten führen würde.

Reichard gibt an [34], daß die direkte Abscheidung von
Chrom auf die oxydfreie Aluminiumoberfläche durch Hone-
-Forming nicht möglich ist. Die ersten Versuche sollten
diese Aussage überprüfen und sie möglichst widerlegen.

Alle Bearbeitungsbedingungen, die bei diesen Versuchen
konstant gehalten wurden, sind in Tabelle 3 zusammengefaßt.

	Verfahrensparameter		Dimension	Wert
mechanisch	Beschichtungszeit	t	min	8
	Aufweitzeit	t_A	s	7
	Zustelldruck 1	p_1	N/cm^2	15
	Zustelldruck 2	p_2	N/cm^2	5
	Schnittgeschwindigkeit	v_s	m/min	11
	Überschneidungswinkel	a	°	30
	Hublänge	L	mm	24
	Honsteinart		–	KS 180/2/35
	Honsteinabmessung		mm	60x6x6
elektrolytisch	Spannung	U	V	10
	Stromdichte	i	A/dm^2	750
	Anfangsspalt	a_0	mm	2
	Elektrolyt			Chromsäure
	Konzentration CrO_3	c_S	g/l	250
	Konzentration H_2SO_4	c_F	g/l	2,5
	Leitfähigkeit bei 55°C	κ	$\Omega^{-1}cm^{-1}$	0,68
	Elektrolytgeschwindigkeit	v_{EL}	cm/s	500

Tabelle 3: Konstante Versuchsgrößen

Die Hublage war mittig und die Hublänge wurde mit 24 mm so
gewählt, daß die Honsteine keinen Überlauf hatten; dadurch
war gewährleistet, daß die Honsteine in ihrer ganzen Länge
die Polarisationsschichten entfernen. Der Überschneidungswinkel wurde als Erfahrungswert von der konventionellen
Zylinderfertigung übernommen. Die Schnittgeschwindigkeit
war mit 11 m/min geringer als die üblichen Werte für Hartchrom von 15 - 22 m/min [79], um das zerspante Volumen pro
Zeit möglichst klein zu halten. Die hohe Elektrolytge-
schwindigkeit basiert auf den in Kap. 4 dargestellten Er-
kenntnissen.

Den Versuchsablauf nach der chemischen Vorbehandlung und
dem Einspannen des Zylinders in die Aufnahmevorrichtung,
zeigt das Schaltfolge-Diagramm (Bild 45). Nachdem die

Hubbewegung eingesetzt hat und die Honahle den unteren Totpunkt durchfahren hat, werden Elektrolytpumpe und Generator sowie die Spindeldrehung automatisch zugeschaltet. Gleichzeitig wird das zeitgesteuerte Druckprogramm gestartet und der Zustellzylinder mit dem Zustelldruck 1 von 15 N/cm^2 beaufschlagt, so daß die Honsteine ausfahren und gut an der Zylinderbohrung anliegen. Nach dem Anschnitt und Ablauf der Aufweitzeit von 7 s wird auf den kleineren Zustelldruck 2 von 5 N/cm^2 umgeschaltet, um ein möglichst schnelles Schichtwachstum zu erreichen.

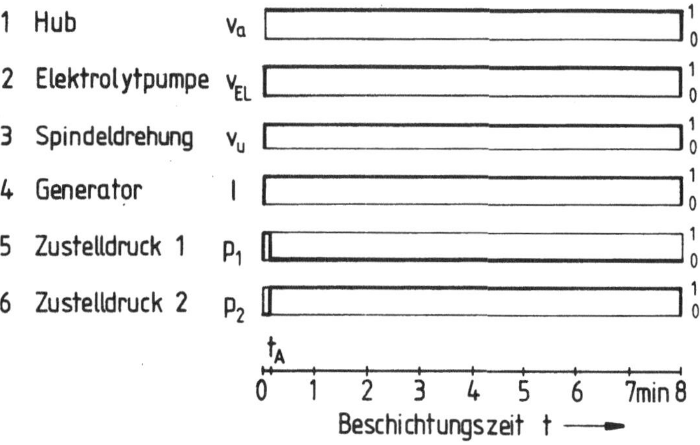

Bild 45: Schaltfolge beim Galvanischen Auftragshonen
(vgl. Bild 48)

5.1.1 <u>Einfluß der Elektrolyttemperatur</u>

Umfangreiche eigene Versuche zeigten bald, daß die überlagerte Zerspanung das Aufwachsen der Chromschicht auf
das Aluminium erschwert. Die Ausschnitte aus fotogra-
phischen Abwicklungen der Mantelfläche der Zylinderbohrungen in Bild 46 bestätigen eindrucksvoll die Angaben
von Reichard und der Firma Micromatic.

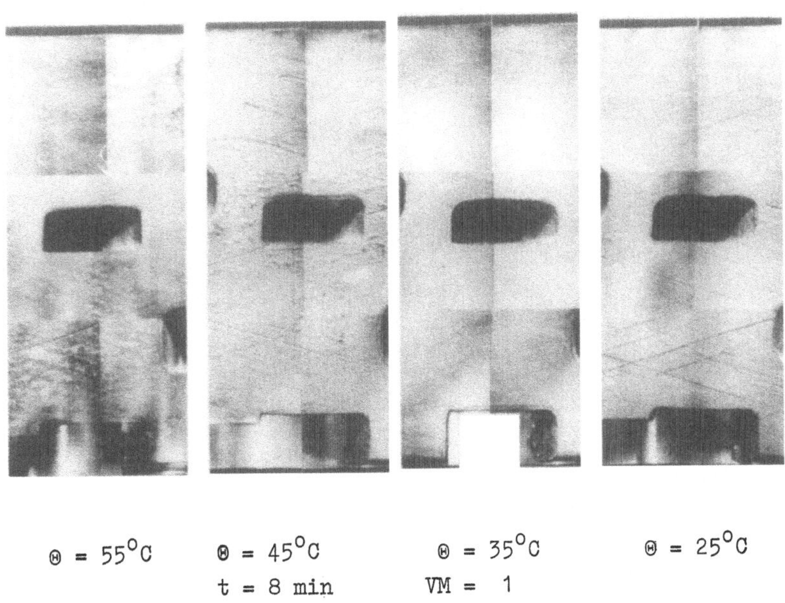

<u>Bild 46:</u> Aussehen der auftragsgehonten Chromschicht
bei verschiedenen Elektrolyttemperaturen

Bei für die Hartverchromung normalen Elektrolyttemperaturen
reicht die Haftkraft der Chromschicht auf dem Aluminiumgrundwerkstoff nicht aus, um den Schnittkräften der Zerspanung zu widerstehen. Zahlreiche Aufbrüche und Abblätterungen der Schichten aus dem 55°C- und 45°C-Elektrolyten sind
die Folge. Die bei der Durchflußverchromung festgestellte

Tendenz, gleichmäßigeres Schichtwachstum bei niedrigen
Elektrolyttemperaturen, setzt sich beim Galvanischen Auftragshonen fort. Durch die Abscheidung bei 35°C bzw. 25°C
kann eine geschlossene Chromschicht auf dem Aluminium aufgebracht werden, wobei die Schicht aus dem 35°C-Elektroly-
ten optisch den besten Eindruck macht.

Bei allen Schichten fällt auf, daß tiefe Honriefen sichtbar
sind, die vom Einschneiden der Körner der Honsteine in das
weiche Aluminium herrühren. Diese Schädigung des Trägermetalls
kann durch das schlecht einebnende Chrom nicht mehr ausgeglichen werden. Die Riefe wird vom aufwachsenden Chrom
überwachsen, aber nicht aufgefüllt, sondern nur nachge-
formt. Dadurch ergibt sich eine für Verschleißschichten un-
geeignete hohe Rauhtiefe von bis zu 30 µm.

Analog zur Hartverchromung im Bad und Durchflußverfahren
wächst die Schicht beim Übergang von Θ = 55°C auf 45°C bzw.
35°C schneller; der große Sprung der Schichtdicke in Bild
47 bei der Senkung der Elektrolyttemperatur auf 35°C resultiert aus den Abblätterungen der 45°C- und 55°C-Schich-
ten. Das Maximum bei 35°C ist deshalb in Wirklichkeit nicht
so ausgeprägt.

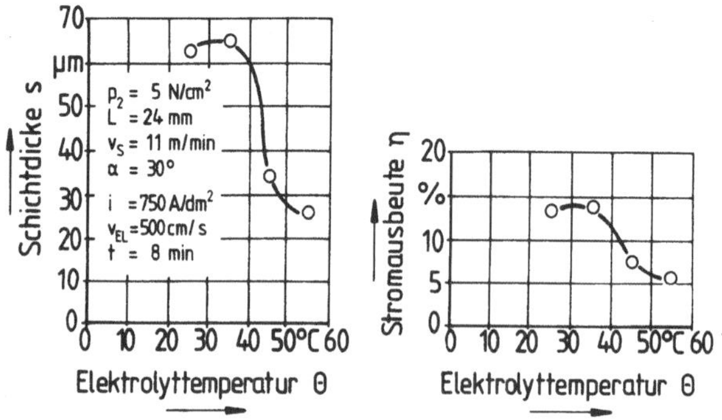

Bild 47: Einfluß der Elektrolyttemperatur auf Schichtwachstum und Stromausbeute

Die Umsetzung der elektrischen Energie in Metallniederschlag ist bei den höheren Temperaturen deshalb sicher besser als in Bild 47, bleibt aber mit unter 10 % indisku-
tabel. Selbst die Stromausbeute bei 35°C ist mit 13,8 %
enttäuschend. Entgegen der Erwartung einer größeren
Schichtdicke bei der Abscheidung aus dem 25°C-Elektrolyten
aufgrund der theoretisch steigenden Stromausbeute, kann
die Abscheidungsgeschwindigkeit nicht weiter erhöht werden;
dies ist wohl auf den Härteabfall der Schicht mit sinkender
Elektrolyttemperatur bei konstanter Stromdichte zurückzuführen [12].

Als Resultat ist festzuhalten, daß mit dem gewählten Versuchsablauf eine direkte Abscheidung von Hartchrom auf Aluminium zur Erzeugung einer für Verbrennungsmotoren geeigneten Lauffläche nicht möglich ist. Durch das Aufsetzen
der Honsteine auf das Aluminium wird die Schichtbildung in
der Anfangsphase erschwert und die Oberfläche irreparabel
geschädigt. Die, gegenüber dem mechanischen Honen von Aluminium, stärkeren Ungleichmäßigkeiten der Al-Oberfläche
sind auf folgende Faktoren zurückzuführen:

- Die Honsteine sind hinsichtlich Korngröße und Härte
  primär auf die Zerspanung von Chrom ausgelegt.

- Die Zentrierphase nach dem Anschnitt der Honsteine
  ist aufgrund des kleinen Zustelldrucks schwieriger.

- Die Honsteine werden durch die aufwachsende Schicht
  gezwungen, ihre Bewegungsrichtung umzukehren.

Vor allem die beiden letzten Punkte sind systembedingt und
führen sicher zu Kraftspitzen, die einen kontrollierten und
gleichmäßigen Schichtaufbau auf dem weichen Grundwerkstoff
Aluminium verhindern.

5.1.2 Die Grundchromschicht als Zwischenschicht

Aus den Versuchen ergibt sich zwangsläufig, daß der direkte
Kontakt Honstein-Aluminium vermieden werden muß; das Aufbringen einer härteren Zwischenschicht ist also unumgäng-
lich. Die Schaffung dieser Schutzschicht ist kostengünstig
nur durchzuführen, wenn der erforderliche Vorbeschichtungs-
prozeß in der Auftrags-Honmaschine selbst und mit der gleichen Elektrolytflüssigkeit vorgenommen wird.

Diese Forderung kann dadurch erfüllt werden, daß dem kombiniert mechanisch-galvanischen Prozeß des Galvanischen
Auftragshonens ein Vorbeschichtungsschritt nach dem Durchflußverfahren vorgeschaltet wird. Es wird also eine Deckchromschicht ohne Eingriff der Honsteine abgeschieden, wodurch das Einschneiden der Honsteine in das weiche Aluminium verhindert wird.

Die schnellwachsende Grundchromschicht (primärer Wachstumstyp) des Durchflußverfahrens wurde dazu mit Erfolg eingesetzt. Sie erfüllt alle Anforderungen, die an die Zwischenschicht zu stellen sind:

- Hohe Abscheidungsgeschwindigkeit

- Große Härte

- Gutes Haftvermögen

Die Notwendigkeit, zur Erzeugung einer qualitativ hochwer-
tigen Chromschicht auf Aluminium durch Galvanisches Auftragshonen zuerst eine Vorverchromung im Durchflußverfahren voranzustellen, führt zu einem geänderten Versuchsablauf. Die neue Schaltfolge ist in Bild 48 dargestellt.

Die zur Ausbildung einer ausreichend dicken Schutzchromschicht erforderliche Zeit wurde experimentell bestimmt.
Nach 2 min und einer Schichtdicke von ca. 40 µm konnte das

Durchschneiden der Honsteine auf das weiche Aluminium-
Grundmaterial vermieden werden.

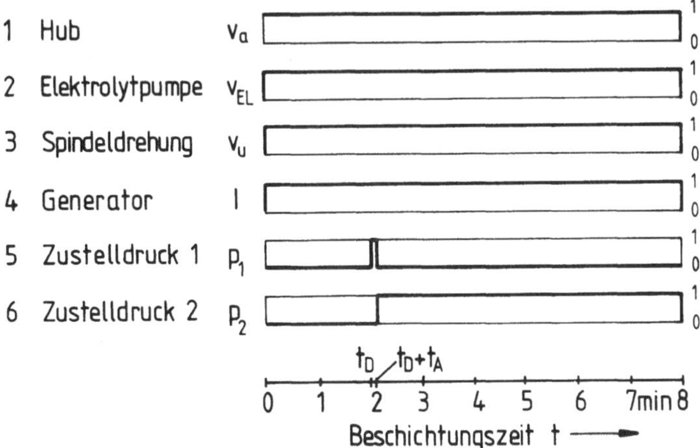

Bild 48: Weiterentwickelte Schaltfolge beim
Galvanischen Auftragshonen (vgl. Bild 45)

Die elektrolytischen und elektrischen Parameter bei der
Zwischenschichtbildung und dem nachfolgenden Galvanischen
Auftragshonen sind gleich. Aufgrund der Erkenntnisse aus
Kap. 5.1.1 wurde als Elektrolyteintrittstemperatur in die
Elektrolysezelle $35^{\circ}C$ gefahren.

Einen optischen Eindruck von der Oberflächenbeschaffenheit
der Chromschicht vor dem Aufsetzen der Honsteine, also nach
2 min Durchflußverchromung, gibt Bild 49.

Die Oberflächenausbildung ist aufgrund der richtigen Wahl
der Elektrolysebedingungen (v_{EL} = 500 cm/s, Θ = $35^{\circ}C$) und
der kurzen Beschichtungszeit trotz hoher Stromdichte
(i = 750 A/dm^2) sehr gleichmäßig; die Rauhtiefe liegt in
Bereichen von 12 - 17 µm.

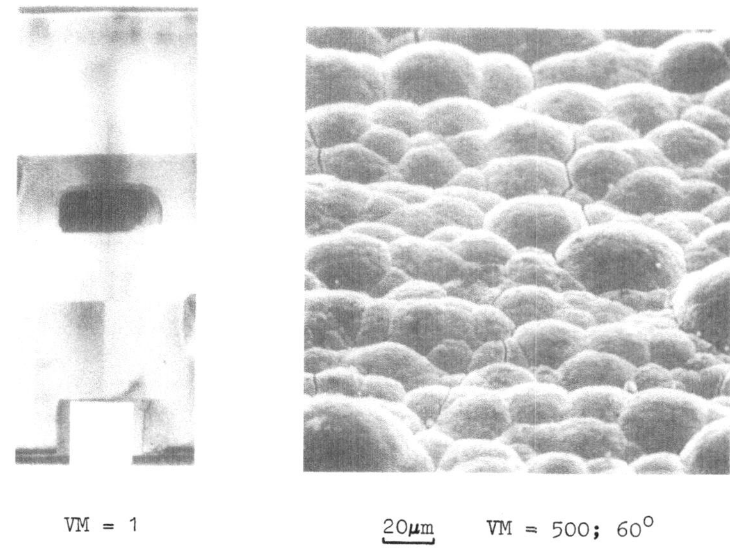

VM = 1　　　　　20μm　　VM = 500; 60°

Bild 49: Chromschutzschicht für das Aluminium

5.1.3 Elektrolytströmung und Schichtverteilung

Neben einer für das spätere Aufsetzen der Honsteine gün-
stigen Oberflächenausbildung muß die Schutzchromschicht
möglichst konstante Schichtdicke haben. Eine ungleichmäs-
sige Schichtverteilung in der Bohrung bringt eine Verschlechterung der Makrogeometrie mit sich, die durch die
mechanische Komponente später wieder ausgeglichen werden
muß.

Die Gestaltausbildung erfolgt bei der Abscheidung der Zwischenschicht nur durch die Elektrolyse selbst. Das heißt,
daß die Schichtverteilung über den Umfang bzw. entlang der
Mantellinie im wesentlichen durch die Strömungsführung
des Werkzeuges "Elektrolyt" im Bearbeitungsspalt beeinflußt
wird.

Die Spannvorrichtung für den Zylinder bietet die Möglichkeit, den Spalt zwischen den Elektroden in verschiedenen
Richtungen zu durchströmen (Bild 50).

	Fall 1	Fall 2	Fall 3
Elektrolyt-Strömung im Spalt			
Strömungs-beschreibung	geteilte Strömung	steigende Strömung	fallende Strömung
Symbol			
Meßpunkt	●	▲	■

Bild 50: Varianten der Elektrolytdurchströmung des Spalts

Bei der geteilten Strömung erfolgt die Zufuhr des Elektrolyten von oben und unten, und der Abfluß durch die Gaswech-
sel-Kanäle des Zweitakt-Zylinders. Durch die Nutzung der
Kanäle kann der Strömungsweg des Elektrolyten im Wirkbe-
reich gegenüber der steigenden bzw. fallenden Durchströmung halbiert werden. Dies ist besonders wichtig im Hinblick auf die Temperaturerhöhung und Gasbildung des Elektrolyten im Spalt und die damit verbundene Leitfähigkeits-
erhöhung bzw. -erniedrigung. Die steigende Strömung sollte
für die Abfuhr der Elektrolysegase besonders gut geeignet
sein.

Bei allen Strömungsvarianten ist durch die Abdichtung der

Elektrolysezelle und die damit verbundene Drosselwirkung
dafür gesorgt, daß der Spalt zwischen der Honahle und dem
Werkstück immer mit Elektrolyt gefüllt ist.

Wie schon Krawitz [42] beim EC-Honen feststellte, läßt sich
die Rundheitsabweichung der Bohrung durch den elektrolytischen Verfahrensanteil besser in Grenzen halten als die
Zylindrizitätsabweichung. Der Einfluß der Strömungsrichtung auf die Schichtverteilung entlang einer Mantellinie
ist in Bild 51 dargestellt.

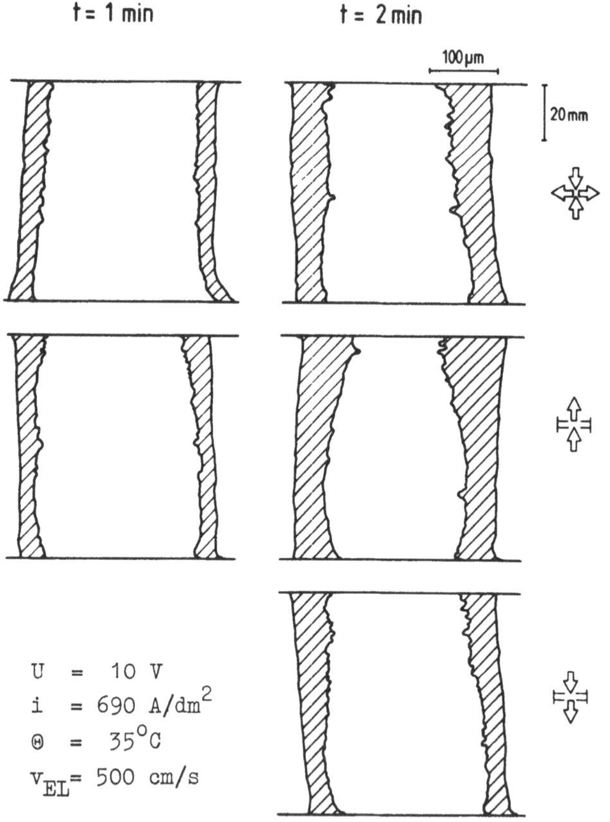

<u>Bild 51:</u> Einfluß der Strömungsrichtung auf die Schicht-
verteilung im Zylinder (vgl. Bild 17)

Bei fallender Durchströmung des Wirkspalts ergibt sich eine
kegelige Bohrungsform. Abgesehen von der Randverdickung am
unteren Bohrungsende (Kurbelseite), nimmt die Schichtdicke
in Strömungsrichtung kontinuierlich ab. Das ist darauf zurückzuführen, daß die Gasblasen im Elektrolyt nach oben,
also entgegen der Strömung entweichen wollen, und so mit
zunehmender Lauflänge die Abscheidung verstärkt behindern.

Durch Umkehrung der Strömungsrichtung läßt sich eine ganz
andere Bohrungsform erreichen - man könnte sie als faßför-
mig oder hohl bezeichnen. Auffallend ist die starke Zunahme der Schichtdicke im oberen Bohrungsdrittel. Die Ausfällgeschwindigkeit ist bei dieser Strömungsrichtung am
größten.

Bei geteilter Strömung des Elektrolyten ergibt sich die
gleichmäßigste Schichtverteilung im Zylinder. Durch den
halbierten Strömungsweg ist die Veränderung des Elektrolyten durch Gasanreicherung und Erwärmung nicht so groß.
Nach 2 min erhält man in der oberen Zylinderhälfte eine
leicht kegelige Bohrungsform, während sie im unteren Teil
hohl ist. Die verschiedenen Strömungsrichtungen spiegeln
sich also auch hier in der Schichtverteilung wieder.

Unabhängig von der Strömungsrichtung ist ein verstärktes
Schichtwachstum am oberen und unteren Bohrungsrand überall
zu erkennen. Diese typischen Randverdickungen bilden sich
aufgrund der zusätzlichen Streufelder und der höheren Konzentration der Stromlinien am Bohrungsrand.

Aus den erzielten Schichtverteilungen läßt sich schließen,
daß bei der Abscheidung der Schutzchromschicht die Veränderung der Abscheidungsbedingungen durch die Wasserstoff-
bildung gegenüber dem Temperatureinfluß dominiert und maßgeblich die Makroform der Bohrung beeinflußt.

5.2 <u>Einflußgrößen auf das Schichtwachstum</u>

Alle bisher bekanntgewordenen Veröffentlichungen zum Thema
Hone-Forming bzw. Galvanisches Auftragshonen machen keine
genauen Angaben über die Schnittbedingungen. Der Zerspan-
anteil hat aber entscheidenden Einfluß auf das Arbeitsergebnis; er bestimmt die Größe des mechanischen Abtrags,
aber auch die Aktivierung der zu beschichtenden Oberfläche.

In der Kontaktzone entfernen die Schneidkörner zeitweilig
von der zu beschichtenden Oberfläche die Diffusionsschicht,
die durch die reagierenden Ionen ausgezehrt ist, den Wasser-
stofffilm und andere stromhemmende Schichten, welche die Reaktion bremsen. Nach Beendigung des Kontakts Honstein-Werk-
stückoberfläche (=Kathode) benetzt der Elektrolyt wieder die
Kathodenoberfläche und es erfolgt erneut eine Abscheidung.
Durch die periodische Unterbrechung der Stromhemmungen nimmt
die Diffusionsbegrenzung ab und ermöglicht es so, eine grös-
sere Stromdichte anzuwenden. Die daraus resultierende höhere
Abscheidungsgeschwindigkeit kommt aber nur voll zur Wirkung,
wenn das Zerspanvolumen während des Ausfällprozesses möglichst klein ist.

Es kommt also darauf an, durch richtige Wahl der elektrolytischen und mechanischen Einflußgrößen, die gegenläufigen
Tendenzen von mechanischem Abtrag und verbesserter Aktivierung so abzustimmen, daß die Chromschicht möglichst schnell
weiterwächst.

5.2.1 <u>Einfluß des Zustelldrucks</u>

Der Zustelldruck ist einer der wichtigsten Parameter, da er
den Werkstoffabtrag am stärksten beeinflußt [79]. Es wird
deshalb der Zustelldruck angegeben, weil es sich hierbei um
eine Einstellgröße an der Maschine handelt. Werte wie Zu-

stellkraft und Anpreßkraft können über die Zustellkolben-
fläche (19 cm^2) sowie den Kegelwinkel (22,5°) berechnet
werden. Die Angabe der spezifischen Steinanpreßkraft ist
zwar möglich, aber nicht sinnvoll, da sie während des Hon-
vorganges starken Schwankungen unterliegt.

Die Bestimmung der Anpreßkraft ist beim Galvanischen Auftragshonen wesentlich komplizierter als beim mechanischen
Honen; beim Schichtaufbau müssen die Honsteine das gesamte
Zustellsystem gegen den aufgeprägten hydraulischen Zustelldruck zurückdrücken. Vor allem aufgrund des dabei zu über-
windenden Reibungseinflusses ergeben sich höhere Kräfte.

Zur Bestimmung von Richtwerten für die Zustell- und Anpreßkraft bei vorgegebenem Zustelldruck wurde eine Modellrech-
nung durchgeführt, die die Reibungsverhältnisse, die Bewegungsrichtung der Honsteine, die Zustellgeometrie und die
Rückstellkräfte der in die Honahle eingebauten Federn berücksichtigt.

Die in Tabelle 4 angegebene Kraft F_Z ist die wirksame Zustellkraft auf den Doppelkonus beim Schichtaufbau und F_A
die Betragssumme der Anpreßkräfte zwischen Honstein und
Zylinderwand.

p_2	N/cm^2	3	5	8
F_Z	N	104	143,3	202,2
F_A	N	625	1340	2410

Tabelle 4: Berechnete Werte für die Zustell- und
Anpreßkraft bei ideal zentrierter Honahle

Die berechneten Kräfte stellen nur eine Abschätzung für die
tatsächlich wirkenden Kräfte bei der Zerspanung dar; die
Größenordnung zeigt jedoch, daß die Zustellkraft aufgrund

der kleinen Zustelldrücke des gewählten Druckbereichs etwa
10mal kleiner ist als sonst beim mechanischen Honen von
Hartchrom üblich [80].

In Bild 52 ist die zeitliche Entwicklung der Schicht bei
verschiedenen Zustelldrücken aufgetragen.

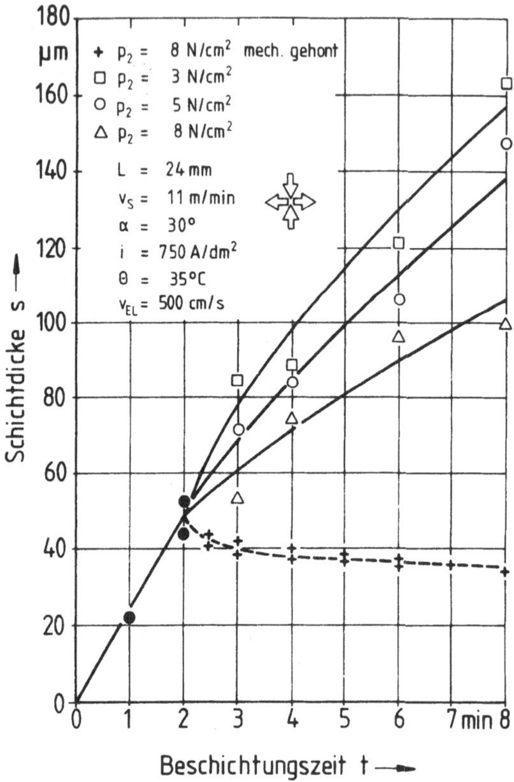

<u>Bild 52:</u> Einfluß des Zustelldrucks auf das Schichtwachstum

Nach dem sehr schnellen Aufwachsen der Grundchromschicht,
beginnt nach 2 min die Honkomponente auf die Schichtbildung
einzuwirken. Das Schichtwachstum ist bei 3 N/cm² am größten

und bei 5 N/cm^2 größer als bei 8 N/cm^2. Wie beim mechanischen Honen steigt also auch beim Galvanischen Auftragshonen das Zerspanvolumen mit zunehmendem Zustelldruck. Dies bedeutet aber, daß der Abbau der stromhemmenden Polarisationsschichten schon bei 3 N/cm^2 ausreichend ist und durch eine stärkere Anpressung der Honsteine die Abscheidung nicht weiter intensiviert werden kann.

Bemerkenswert ist, daß die Schichtdicke nach dem Beginn der Zerspanung weiter zunimmt, obwohl beim mechanischen Honen der Werkstoffabtrag in den ersten Sekunden am größten ist [79]; die gestrichelte Kurve gibt die Schichtverminderung an, wenn die mechanische Komponente bei einem Zustelldruck von p_2 = 8 N/cm^2 bei ausgeschalteter Elektrolyse allein weiterwirkt. Dies spricht für die Dominanz der Aktivierwirkung gegenüber der Abtragswirkung der überlagerten Zerspanung.

Darüber hinaus verhindert die mechanische Komponente die beim Durchflußverfahren bei längeren Beschichtungszeiten und i = 690 A/dm^2 beobachtete Abflachung der Wachstumskurve (vgl. Bild 33). Zur Erreichung möglichst hoher Abscheidungsgeschwindigkeiten sind kleine Hondrücke anzustreben.

5.2.2 <u>Einfluß der Strömungsrichtung</u>

Die Strömungsrichtung im Spalt hat, wie schon angedeutet, Einfluß auf die Abscheidungsgeschwindigkeit des Chroms. Wie Bild 53 zeigt, ist die Schichtdicke der Schutzchromschicht (t = 2 min) bei steigender Strömung schon um 20 µm größer als bei fallender Durchströmung. Auch beim Galvanischen Auftragshonen ist festzustellen, daß bei steigendem Elektrolyten die Abscheidungsbedingungen besser sind und die Schichtdicke am größten ist. Vor allem nach längeren Beschichtungszeiten ist dies deutlich.

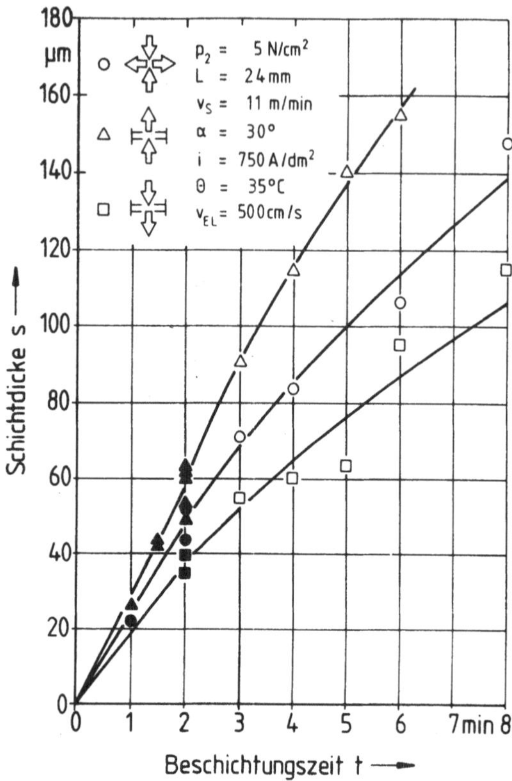

Bild 53: Einfluß der Strömungsrichtung auf das Schichtwachstum

Zur Senkung der Beschichtungszeit eignet sich die steigende Elektrolytführung am besten.

5.2.3 <u>Einfluß der Hublänge</u>

Die Variation der Hublänge dient beim Honen primär der
Formkorrektur. Eine Vergrößerung des Hubes hat aber auch
Auswirkungen auf den Werkstoffabtrag bzw. das Schichtwachstum, vor allem dann, wenn die Honsteine über die Bohrungs-
enden hinauslaufen.

Beim Galvanischen Auftragshonen sind folgende Effekte des
Honsteinüberlaufs denkbar:

- Mit steigendem Überlauf wird die in der Bohrung ver-
  bleibende Honsteinfläche, die den gesamten Aufweit-
  druck aufnehmen muß, immer kleiner; erhöhter Anpreß-
  druck vermindert das Schichtwachstum.

- Beim Überfahren des Bohrungsrandes schärfen sich die
  Körner der Honsteine mehr und bewirken deshalb einen
  größeren Werkstoffabtrag.

- Je größer der Überlauf um so größer die Honsteinfläche, die keinen Kontakt mehr mit der Bohrungs-
  fläche hat und nicht zum Abbau der stromhemmenden
  Schichten einsetzbar ist; die Aktivierungszeit wird
  verkürzt, und die Schicht wächst langsamer.

- Bei größerer Hublänge vermindert sich die Schleif-
  zeit der Honsteine, was eine Verkleinerung des Zer-
  spanvolumens bewirkt.

Wie Versuche mit konstanter Schnittgeschwindigkeit und glei-
chem Überschneidungswinkel zeigten, überwiegen bei der Vergrößerung der Hublänge die wachstumshemmenden Faktoren
(Bild 54). Bei der Hublänge von 24 mm ist der Überlauf
gleich Null und die Schicht wächst am schnellsten. Die Hublänge von 64 mm entspricht einem Erfahrungswert des mechanischen Honens zur Erreichung einer guten Zylindrizitätsform: Überlauf gleich 1/3 Steinlänge. Unter Berücksichtigung

dieser Tatsache wird die pro Zeit erreichbare Schichtdicke geringer, so daß die durch die steigende Elektrolytströmung erreichte Verbesserung wieder gemindert wird.

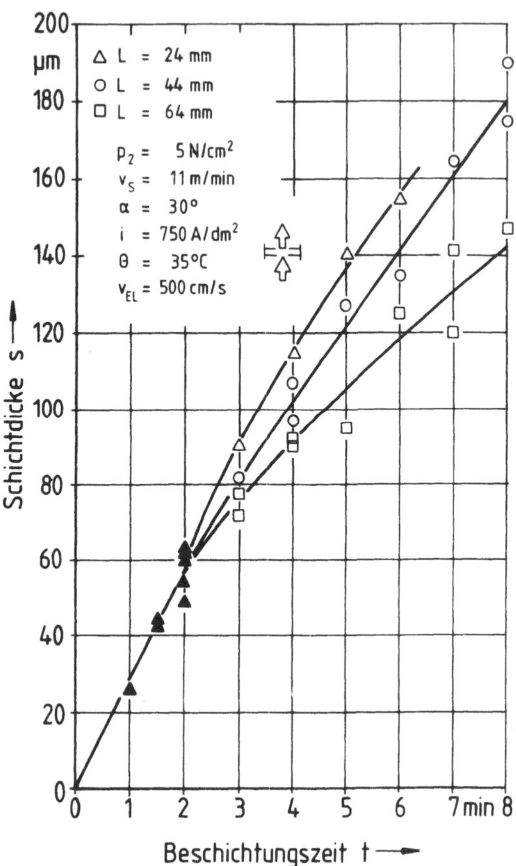

<u>Bild 54:</u> Einfluß der Hublänge auf das Schichtwachstum

5.2.4 Einfluß der Schnittgeschwindigkeit

Ein vollständiger Abbau der kathodischen Polarisationsschichten kann nur während der Einwirkung der Honsteine auf
die Oberfläche erwartet werden. Durch die Verkürzung der
zeitlichen Folge der Aktivierungen müßte eine weitere Intensivierung der Abscheidung möglich sein. Da der Erhöhung
der Zahl der Honsteine (wegen der damit verbundenen Verkleinerung der Stromübertrittsfläche) Grenzen gesetzt sind,
bietet sich die Erhöhung der Schnittgeschwindigkeit an.

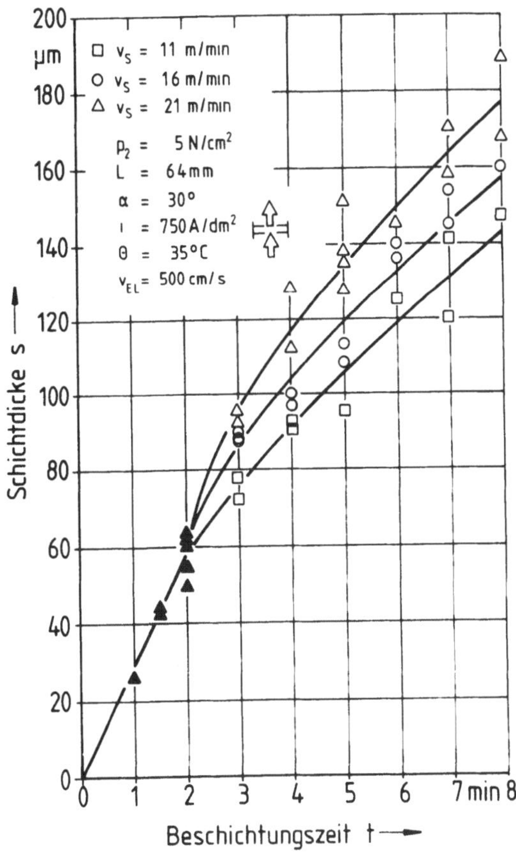

Einfluß der Schnittgeschwindigkeit auf das Schichtwachstum

Wie Bild 55 zeigt, wächst die Schicht bei höherer Schnittgeschwindigkeit schneller. Bei den gewählten Abscheidungsbedingungen (p_2 = 5 N/cm^2, i = 750 A/dm^2, steigende Strömung) ist der Zuwachs der Schicht durch die kürzere Aktivierungsperiode größer als die Zunahme des Werkstoffabtrags
aufgrund des öfteren Überschleifens. Durch die kleinen Zustelldrücke beim Galvanischen Auftragshonen und die hohe
Härte der Chromschicht, haben die Honsteine bei höheren
Schnittgeschwindigkeiten eine zunehmend glättende Wirkung
und unterstützen so den Schichtaufbau besser. Auf die Tatsache, daß der Werkstoffabtrag mit zunehmender Schnittgeschwindigkeit nicht kontinuierlich wächst, hat schon Rosenberger [79] hingewiesen.

Da sich die Schnittgeschwindigkeit aus den beiden Komponenten Umfangsgeschwindigkeit und Axialgeschwindigkeit zusammensetzt, wurde auch eine Änderung dieses Verhältnisses untersucht. Bei konstant gehaltenem Betrag der Schnittgeschwindigkeit (11 m/min) wurde der Überschneidungswinkel
von 30° auf 15° verkleinert, was einer Halbierung der Axialgeschwindigkeit gleichkommt, während sich die Umfangsgeschwindigkeit nur geringfügig vergrößert. Durch diese Maßnahme wird die Einwirkzeit der Honsteine auf die zu beschichtende Oberfläche nicht verändert, wohl aber müßte
sich aufgrund der Erfahrungen beim mechanischen Honen durch
die kleinere Axialgeschwindigkeit ein geringerer Werkstoffabtrag ergeben. Beim Galvanischen Auftragshonen konnte aber
kein Einfluß auf die Abscheidungsgeschwindigkeit festgestellt werden, so daß der Schluß naheliegt, daß vor allem
die Einwirkzeit der Honsteine, und die damit verbundene
Oberflächenaktivierung, maßgebend für das Schichtwachstum
ist.

5.3 <u>Einflußgrößen auf die Makrogeometrie und die Schichtverteilung</u>

Der Zylinder eines Verbrennungsmotors kann nur dann seine Funktion erfüllen, wenn neben einer ausreichend dicken Verschleißschutzschicht eine als Kolbenlaufbahn geeignete Bohrungsgeometrie vorhanden ist.

Trotz des schnellen Schichtwachstums beim Galvanischen Auftragshonen muß eine gleichmäßige Verteilung der Chromschicht in der Bohrung sichergestellt werden. Der mechanischen Verfahrenskomponente kommt dabei die originäre Aufgabe des mechanischen Honens zu, die hohen Anforderungen an die Formgenauigkeit zu erfüllen und die engen Grenzen der Maßtoleranz einzuhalten. Die Honparameter sind so auf die Elektrolyse-Parameter abzustimmen, daß bei der Erreichung des Bohrungsnenndurchmessers, also einer vorgegebenen Schichtdicke, eine ausreichende Zylindrizität und Rundheit garantiert ist. Nur wenn die überlagerte Honung dies leistet, kann von einer Maßverchromung mit hoher Abscheidungsgeschwindigkeit gesprochen werden.

Die Haupteinflußgrößen auf die Verbesserung der Zylindrizität werden neben der Strömungsführung im Spalt, der Zustelldruck und vor allem die Hublänge sein.

Die Verringerung der Rundheitsabweichung wird beim Galvanischen Auftragshonen hauptsächlich durch den mechanischen Abtrag geleistet werden müssen. Die Verbesserung der Rundheit durch die Honsteine muß so gut sein, daß die Steine am gesamten Bohrungsumfang anliegen. Falls dies nicht gelingt, kann nur eine Formverschlechterung eintreten: An hervorstehenden Werkstückstellen, die im Gegensatz zu den zurückliegenden bevorzugt mechanisch bearbeitet werden, wird durch das Überschleifen der Honsteine die Polarisationsschicht entfernt und das Schichtwachstum beschleunigt. Aufgrund von Formfehlern zurückliegende Werkstückstellen werden deshalb nicht ausgeglichen.

Unterstützt wird dieser Trend zur Formverschlechterung noch
durch die kleinere Spaltweite und damit höhere Stromdichte
an den engeren Stellen der Bohrung, da die Ausgleichswir-
kung der sekundären Stromverteilung beim Galvanischen Auftragshonen gering ist.

5.3.1 Einfluß des Zustelldrucks

Die Auswirkung verschiedener Zustelldrücke auf die Bohrungs-
zylindrizität ist in Bild 56 dargestellt. Die aufgrund der
Randverdickungen schlechte Zylindrizität der im Durchflußverfahren abgeschiedenen Deckchromschicht (t = 2 min), wird
durch den Eingriff der Honsteine verbessert.

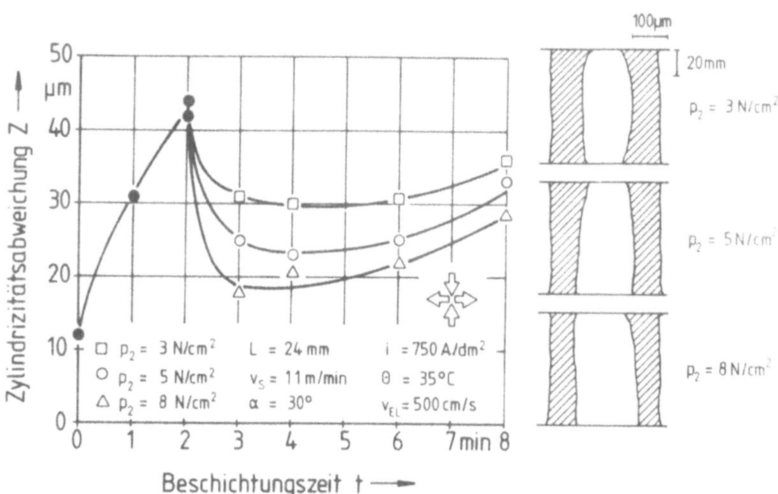

<u>Bild 56:</u> Einfluß des Zustelldrucks auf die Zylindrizitäts-
abweichung

Die Korrektur der Zylindrizitätsform ist um so besser, je
größer der Zustelldruck ist. Bei 8 N/cm^2 ist die Zylindrizitätsabweichung nach 3 min mit 17,5 μm fast halb so groß
wie bei 3 N/cm^2; außerdem wird die minimale Formabweichung
früher erreicht. Die bei längerer Beschichtungszeit ein-
setzende Verschlechterung der Zylinderform zeigt, daß die
überlagerte Honung die Formkorrektur der schnellwachsenden
Chromschicht nicht ausreichend gewährleistet. Die Bohrungsform wird wieder hohler, verursacht durch die kleine Hublänge von 24 mm, ohne Überlauf der Honsteine. Die Zylindrizitätsabweichung gibt definitionsgemäß nur die Abweichung von der Idealform an, macht aber keine Aussage über
die eigentlich vorliegende Bohrungsform. Zur Veranschauli-
chung sind deshalb die Schichtverteilungen im Zylinder nach
3 min herausgezeichnet. Die direkte Auswirkung der Bohrungsform auf die Schichtdicke wird so erkennbar. Die hohle Bohrungsform bei 3 N/cm^2 hat eine schlechte Schichtverteilung
im Zylinder zur Folge, während die mit zunehmendem Zustelldruck mehr kegelige Ausbildung der Bohrung eine gleichmäs-
sigere Schichtdicke über der Mantellinie bewirkt.

Die Schichtverteilung gibt außerdem Auskunft über die Lage
der Endbohrung zur Ausgangsbohrung. Die Koaxialitätstole-
ranz ist dadurch gegeben, daß bei einer schiefen Lage die
Mindestschichtdicke nicht unterschritten werden darf. Wie
die Schichten zeigen, besteht diese Gefahr allerdings nicht,
denn die fertig verchromte Bohrung liegt gut in der Ausgangsbohrung. Dies zeugt von einem ausreichenden Ausgleich
der Fluchtungsfehler zwischen Honahle und Werkstückachse
durch die Freiheitsgrade der kardanischen Spannvorrichtung.

Die Entwicklung der Rundheitsabweichung, Bild 57, zeigt
keine Verbesserung der Rundheit durch den Abtrag der Honsteine. Der progressive Kurvenverlauf bei der Deckchrom-
schichtbildung kann zwar durch die Zerspanung gebremst werden, die Rundheitsabweichung aber nicht auf Werte, die für

eine Kolbenlaufbahn erforderlich sind, vermindert werden.
Die beste Rundheit wird mit dem mittleren Zustelldruck von
5 N/cm^2 erreicht.

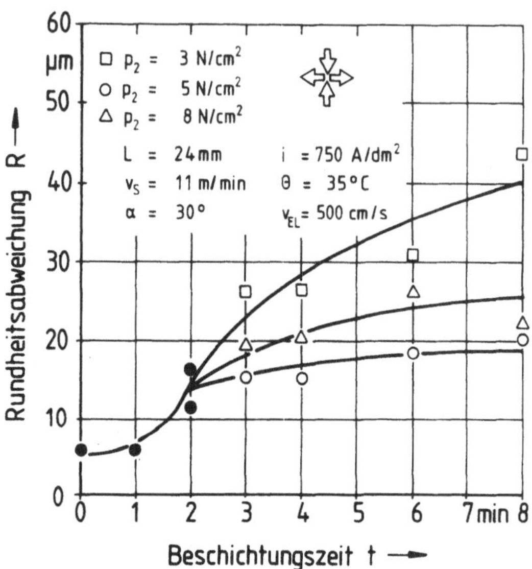

<u>Bild 57</u>: Einfluß des Zustelldrucks auf die Rundheits-
abweichung

Die ungleichmäßige Verteilung der Schicht über dem Bohrungsumfang und die sich daraus ergebende schlechte Rundheit ist
auf die geteilte Strömung zurückzuführen. Vor allem im Gebiet des Aufeinandertreffens der beiden Strömungsrichtungen,
also in der Bohrungsmitte und insbesondere an den Über-
strömkanälen, wurden Unregelmäßigkeiten der Schichtdicke
beobachtet. Offenbar ist die geteilte Strömungsführung nicht
mehr in der Lage, in den durch die 4 Honleisten gebildeten
Spaltsegmenten, einen gleichmäßigen Elektrolytfluß mit hoher
Strömungsgeschwindigkeit zu gewährleisten.

5.3.2 Einfluß der Strömungsrichtung

Die Verbesserung der Kreisform der Bohrung kann durch die
Änderung der Durchströmung des Wirkspaltes erreicht werden.
Durch die Strömung in nur einer Richtung wird das Ionenan-
gebot während des Honsteineingriffs über dem Bohrungsumfang gleichmäßiger. Wie Bild 58 erkennen läßt, bekommt man
bei fallender und steigender Elektrolytströmung eine etwa
doppelt so gute Rundheit wie bei geteilter Strömung.

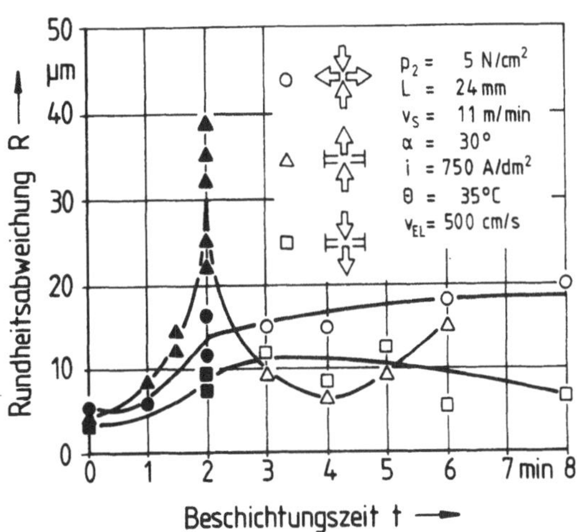

Bild 58: Einfluß der Strömungsrichtung auf die
Rundheitsabweichung

Die schlechte Bohrungsform nach der Abscheidung der Zwischenschicht bei steigender Elektrolytführung, ist mit dem
schnelleren Schichtwachstum gegenüber der fallenden Strömung zu erklären. Die Honkomponente bewirkt aber eine rasche
Korrektur, so daß die für Zylinder geforderte Formgenauigkeit nach 4 min erzielt wird. Bei der Durchströmung des
Wirkspalts von unten nach oben zeigt sich eine langsame

Verbesserung der Rundheit, die ihre besten Werte mit längerer Beschichtungszeit erreicht.

Wie schon in Kapitel 5.1.3 dargestellt wurde, entsteht je nach der Strömungsrichtung im Spalt eine charakteristische Bohrungsform. Auf diese unterschiedliche Vorform wächst nun unter dem Einfluß der Honsteine die Schicht weiter auf. Bild 59 zeigt die Auswirkung der Vorform auf die Zylindrizitätsabweichung.

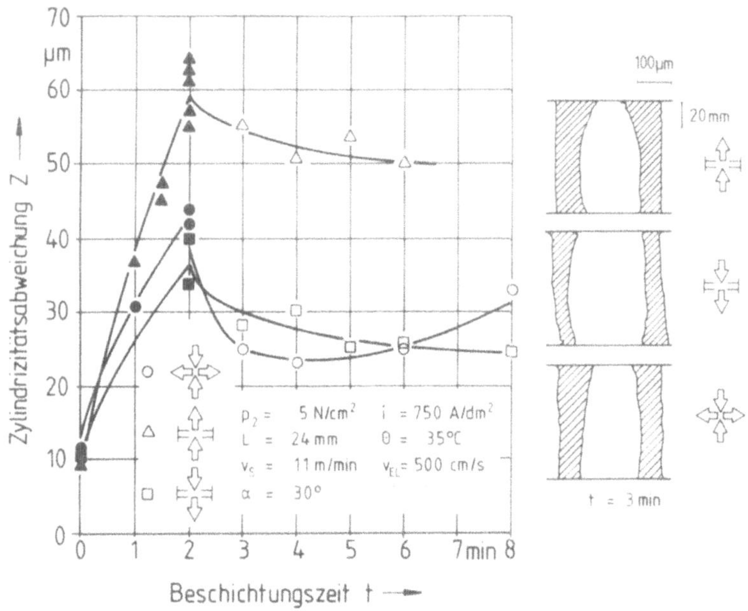

<u>Bild 59</u>: Einfluß der Strömungsrichtung auf die
       Zylindrizitätsabweichung

Wie der Vergleich der Schichtverteilungen nach 3 min mit den Bildern der Deckchromschicht (vgl. Bild 51) erkennen läßt, prägt die Vorform die Bohrungsform entscheidend.

Je schlechter die Zylindrizität der Bohrung vor dem Anschnitt der Honsteine ist, um so größer wird der Formfeh-
ler der gehonten Bohrung. Als besonders ungünstig erwies
sich in dieser Hinsicht die steigende Durchströmung des
Wirkspaltes zwischen Honahle und Werkstück. Die Verringerung der Zylindrizität um 10 - 15 μm ist bei allen Strömungsrichtungen nur auf die glättende Wirkung der Honsteine
im Mikrobereich, also auf die Einebnung der Restknospigkeit
der Deckchromschicht, zurückzuführen. Eine Verbesserung der
Schichtverteilung in der Bohrung ist mit der Hublänge 24 mm
jedoch nicht zu erreichen.

5.3.3 Einfluß der Hublänge

Da die Abscheidungsgeschwindigkeit bei steigender Strömung
am größten und die Makrogeometrie bis auf die Zylindrizität auch gut war, wurde der Einfluß der Hublänge auf die
Schichtverteilung über der Mantellinie bei dieser Strömung
untersucht.

Zur Variation der Hublänge wurde neben den bisherigen
24 mm ein Hub von 44 mm und 64 mm hinzugenommen. Die Hublänge 64 mm entspricht einem Leistenüberlauf um 1/3 der
Honsteinlänge und stellt den üblichen Hub zur Erreichung
einer guten Zylindrizität beim mechanischen Honen dar.

Die zeitliche Entwicklung der Zylinderform ist als Funktion
der Hublänge in Bild 60 gezeichnet.

Die Zylindrizität wird erwartungsgemäß mit zunehmender Hublänge besser. Bei 64 mm Hub wurde als bester Wert nach
4 min Beschichtung 14 μm erzielt. Die stärkere Abarbeitung
der Chromschicht an den Bohrungsrändern bei größerer Hublänge wird in den Schichtverteilungen nach 4 min deutlich.

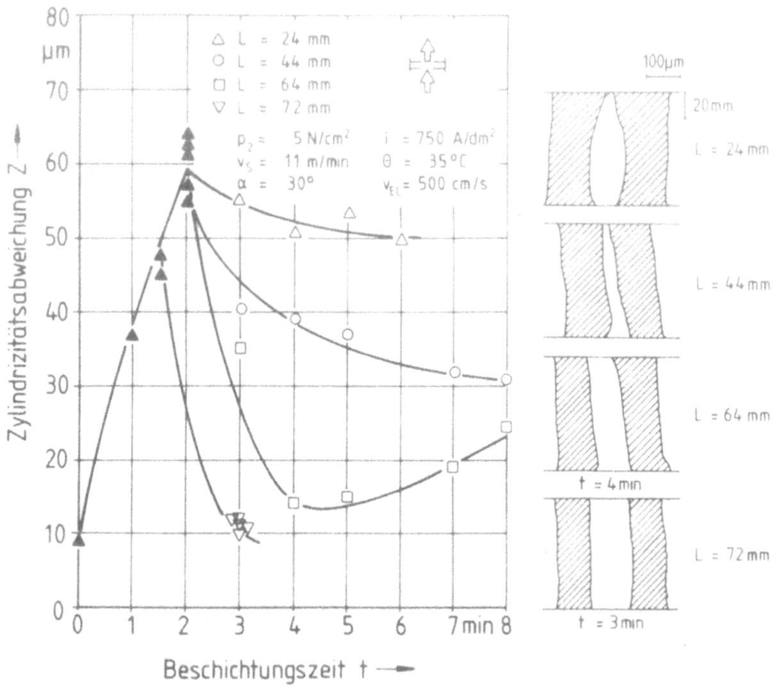

Bild 60: Einfluß der Hublänge auf die Zylindrizitätsabweichung

Um die für den Zweitakt-Zylinder geforderte maximale Zylindrizitätsabweichung von 12 µm zu erreichen, mußte die Hublänge auf 72 mm vergrößert werden. Diese Hublänge ergibt
beim Galvanischen Auftragshonen noch keine Vorweite der
Bohrung, wie die 3-Minuten-Schichtverteilung zeigt. Da die
Nennschichtdicke von 75 µm nach etwa 3 Minuten aufgebracht
war (vgl. Bild 54), mußte die Verbesserung der Zylindrizität beschleunigt werden. Im vorliegenden Fall konnte die
Durchflußverchromung um eine halbe Minute verkürzt werden,
da die notwendige Schichtdicke der Deckchromschicht bei
der steigenden Strömung schon in dieser Zeit erreicht war.

Wie schon Tönshoff [41] beim mechanischen Honen ermittelte,
ist der Einfluß der Hublänge auf die Rundheit gering. In
Bild 61 wird deutlich, daß die Rundheitsabweichung sich mit
größer werdender Hublänge in der gleichen Weise verändert
wie die Zylindrizität, jedoch wesentlich weniger ausgeprägt;
außerdem ist der R-Wert geringer als der Z-Wert - wie beim
Honen allgemein üblich. Besonders vorteilhaft auf die Rundheit wirkt sich die verbesserte Vorform der Bohrung durch
die gekürzte Vorverchromung aus. Als Bestwerte wurden Rund-
heitsabweichungen von 2 μm erreicht.

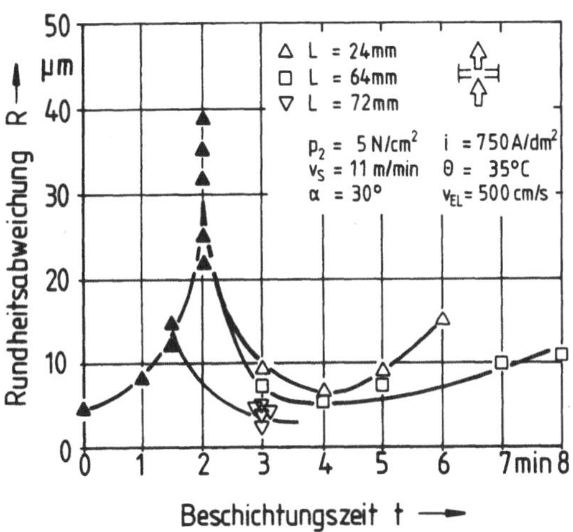

<u>Bild 61:</u> Einfluß der Hublänge auf die Rundheitsabweichung

5.3.4 Einfluß der Schnittgeschwindigkeit

Für den untersuchten Schnittgeschwindigkeitsbereich von
11 - 21 m/min wurde festgestellt, daß die Schicht bei grös-
serer Schnittgeschwindigkeit schneller wächst. Auswirkungen
auf die zeitliche Entwicklung der Makrogestalt sind bei
konstanten Honbedingungen deshalb zu erwarten.

Bild 62 zeigt den Einfluß variierter Schnittgeschwindigkeit auf die Zylindrizität der Bohrung. Bei 11 m/min ist
eine langsamere, dafür aber bessere Verringerung der Zylindrizitätsabweichung, gegenüber den höheren Geschwindigkeiten zu erkennen. Alle Kurven zeigen ein ausgeprägtes Mini-
mum im Bereich von 3 - 5 min; bei höheren Beschichtungszeiten ergeben sich wieder größere Abweichungen.

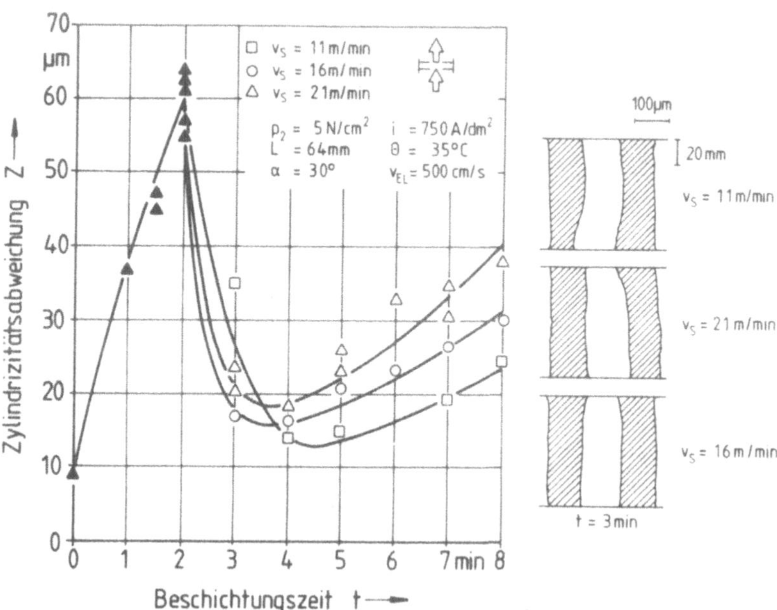

Bild 62: Einfluß der Schnittgeschwindigkeit auf die
Zylindrizitätsabweichung

Die Rundheitsabweichung, Bild 63, zeigt die gleiche Tendenz - schlechtere Form bei höherer Schnittgeschwindigkeit. Die zunehmend glättende Wirkung der Honsteine findet also auch in der Formausbildung ihren Niederschlag.

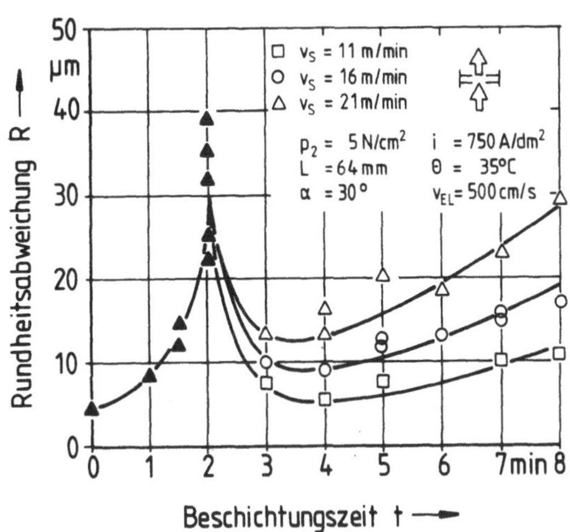

Bild 63: Einfluß der Schnittgeschwindigkeit auf die Rundheitsabweichung

5.3.5 Einfluß des Überschneidungswinkels

Wie von Kirmse [64] erwähnt und von Tönshoff [41] nachgewiesen, besteht beim mechanischen Honen eine wesentliche Abhängigkeit der Formabweichungen von den beiden Teilgeschwindigkeiten, bzw. vom Verhältnis dieser Größen zueinander. Die beste Rundheit und Zylindrizität ergab sich dort bei einem Überschneidungswinkel von 45°; kleinere Überschneidungswinkel führten zu einer schlechteren Makrogeometrie der Bohrung. Die Tendenz der Formverschlechterung bei Verkleinerung des Überschneidungswinkels zeigt sich

auch beim Galvanischen Auftragshonen, siehe Bild 64 und
Bild 65.

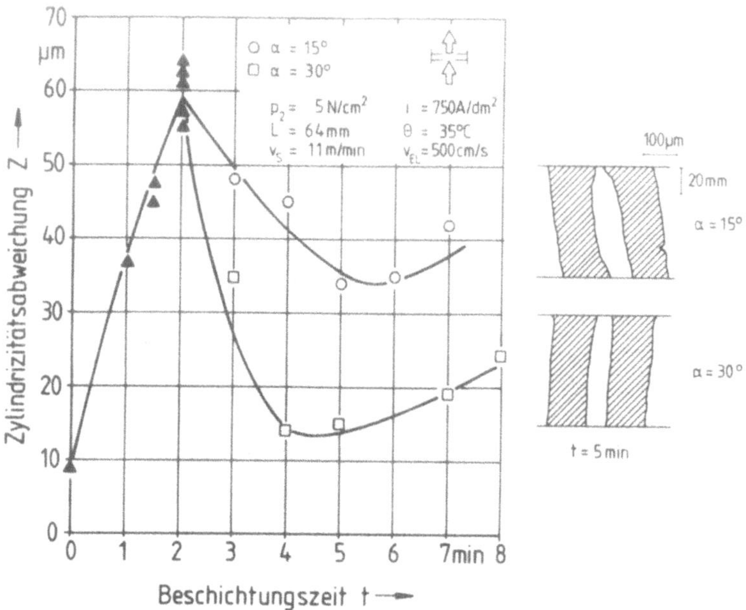

Bild 64: Einfluß des Überschneidungswinkels auf die
Zylindrizitätsabweichung

Die Schichtverteilungen nach 5 min beweisen, daß die Verkleinerung der Axialgeschwindigkeit bei α = 15° sich nachteilig auf die Bohrungsform auswirkt. Wie die Zylindrizitätsabweichung ist auch die Rundheit bei Vergrößerung des
Überschneidungswinkels von 15° auf 30° etwa doppelt so gut.

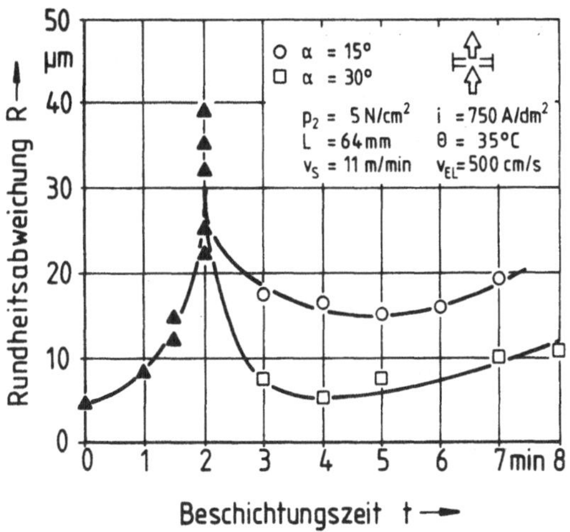

Bild 65: Einfluß des Überschneidungswinkels auf die Rundheitsabweichung

5.4 Einflußgrößen auf die Mikrogeometrie

Die Mikrogeometrie der Verschleißschutzschicht hat entscheidenden Einfluß auf die Größe des Verschleißes, vor allem in der Einlaufphase sowie auf den Ölverbrauch des Motors. Es ist deshalb besonders wichtig eine Oberflächenausbildung zu erreichen, die den tribologischen Erfordernissen - hoher Traganteil bei ausreichender Ölhaftung - entspricht.

Um eine gute Gleitfunktion zu gewährleisten, wird also eine Oberflächenfeingestalt ähnlich der einer plateau-gehonten Chromschicht verlangt. Diese Oberflächenstruktur sollte erreicht werden, ohne daß an das Galvanische Auftragshonen eine mechanische Nachbearbeitung (z.B. Nachhonen) angeschlossen werden muß.

5.4.1 Einfluß des Zustelldrucks

Beim mechanischen Honen ist meist schon nach 60 s die steinabhängige Oberflächengüte erreicht [81]. Für die eingesetzte Körnung von 180, dies entspricht einer mittleren Korngröße von etwa 75 µm, wird vom Hersteller der Honsteine die nach dem Honen von Hartchrom erreichbare Rauhtiefe mit 2 - 3 µm angegeben [44].

Der zeitliche Verlauf der Rauhtiefe R_{tB} der Grundstruktur und des Mittenrauhwerts R_a ist in den Bildern 66 und 67 in Abhängigkeit des Zustelldrucks dargestellt. Ergänzend sind in Bild 66 exemplarische Schnittlinien der Oberflächenschriebe herausgezeichnet.

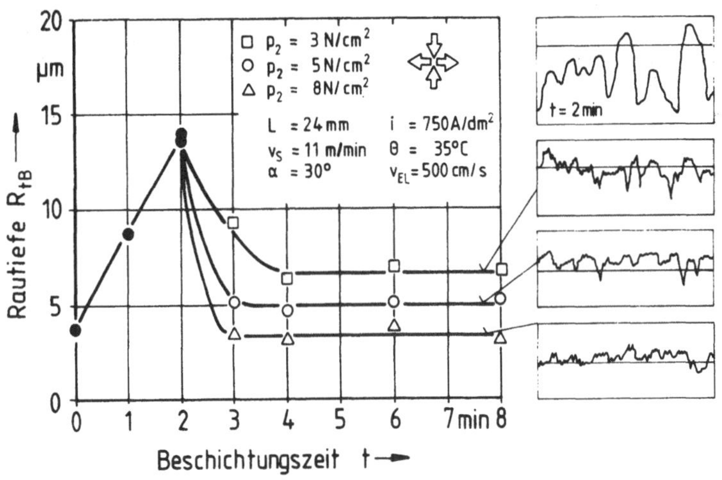

Bild 66: Einfluß des Zustelldrucks auf die Rauhtiefe

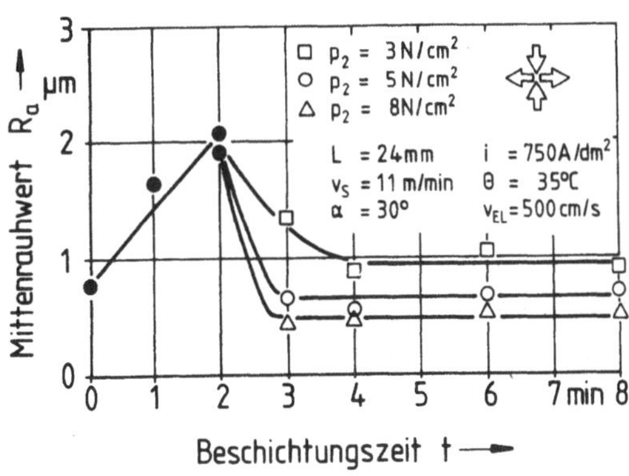

Bild 67: Einfluß des Zustelldrucks auf den Mittenrauhwert

Die Rauhtiefe der Deckchromschicht (t = 2 min) beträgt 13 –
14 µm und liegt damit im Rahmen der üblichen Ausgangsrauh-
heiten beim mechanischen Honen. Dementsprechend schnell erfolgt die Einebnung durch die Schleifwirkung der Honsteine.
Mit zunehmendem Zustelldruck wird die Endrauhigkeit schon

nach einer Honminute erreicht. Beim Galvanischen Auftragshonen werden kleinere Rauhtiefen der Chromschicht durch eine verstärkte Anpressung der Honsteine erzielt. Die Annäherung an das ideale Profil durch stärkere Egalisierung der Chromknospen der Deckchromschicht führt zur Aktivierung größerer Flächenanteile der Oberfläche. Dies ergibt eine erhöhte Zahl von Wachstumsstellen und damit eine gleichmäßigere Oberflächenausbildung mit entsprechend kleinerer Rauhtiefe.

Daß sich die erwartete Endrauhigkeit von 2 - 3 μm nicht einstellt, ist auf die elektrolytische Verfahrenskomponente zurückzuführen. Es bleiben wohl immer ein paar tieferliegende Oberflächenbereiche übrig, die von der Schleifwirkung der Honsteine nicht erreicht werden und aufgrund der fehlenden Unterbrechung der Polarisationsschichten langsamer wachsen.

Da die Rauhtiefe der Grundstruktur in allen Fällen unter dem zulässigen Grenzwert von 10 μm liegt, muß untersucht werden, welcher Zustelldruck den besten Profiltraganteil ergibt. Bei Hartchromschichten für Verbrennungsmotoren ist die tragende Fläche bei einer Profilverschiebung von 2,5 μm entscheidend. Die entsprechende R_{tA}-Linie ist in die Oberflächenschriebe in Bild 66 eingezeichnet. Der sich ergebende Eindruck, daß die Oberflächenausbildung bei einem Zustelldruck von 5 N/cm^2 am besten ist, wird durch die Betrachtung der Abott'schen Tragkurve, Bild 68, bestätigt.

Der schlechte Traganteil der Deckchromschicht resultiert aus dem, schon früher angesprochenen, nicht ausreichenden Füllungsgrad der im Durchflußverfahren abgeschiedenen Chromschichten. Die Vergrößerung der tragenden Fläche durch die mechanische Verfahrenskomponente wird deutlich.

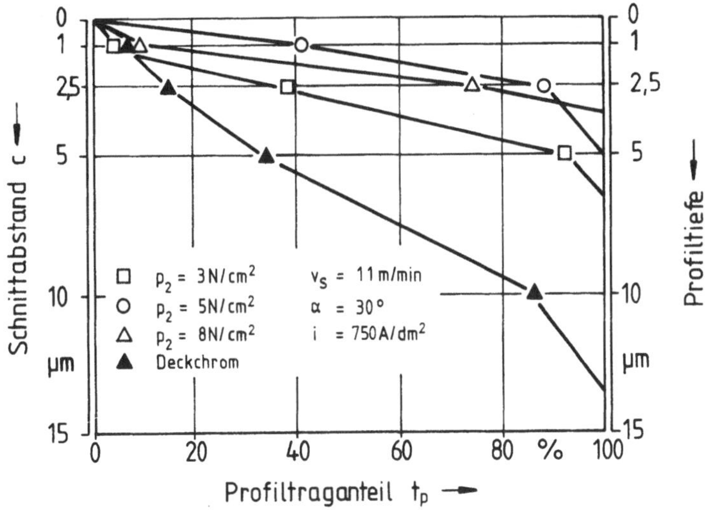

Bild 68: Einfluß des Zustelldrucks auf den Profil-
        traganteil

Den erforderlichen Profiltraganteil von 65 - 90 % bei einem
Schnittabstand von 2,5 µm erbringen nur die 5- und 8 N/cm²-
Oberflächen. Nicht nur aufgrund des etwas höheren Tragan-
teils, sondern auch wegen der etwas größeren Profiltiefe
bei 5 N/cm², scheint dieser Zustelldruck besonders geeignet für das Galvanische Auftragshonen von Verscheißschutz-
schichten.

Einen optischen Eindruck der vorliegenden Oberflächen bei
verschiedenen Zustelldrücken geben die REM-Aufnahmen in
Bild 69.

Die zunehmende Einebnung mit wachsendem Zustelldruck und
die damit verbundene Verhinderung des sekundären Wachstums-
typs, ist deutlich zu erkennen. Während die glattgehonten
Plateauflächen die für das Honen typischen gekreuzten Spuren der Schleifkornriefen zeigen, sind die tiefer liegenden

Flächen durch das elektrolytische Chromwachstum gekennzeichnet. Die rauhere Ausbildung dieser Bereiche garantiert eine
gute Ölhaftung.

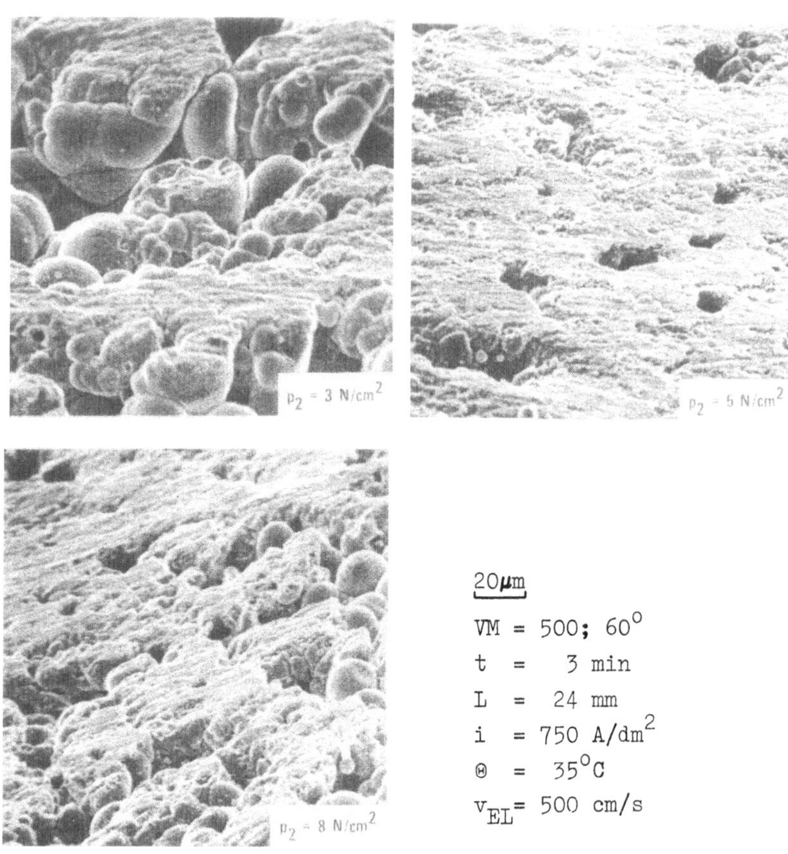

Bild 69: Einfluß des Zustelldrucks auf die Schichtaus-
         bildung

Bis zu Schichtdicken von etwa 100 µm zeigten die auftragsgehonten Chromschichten keine Rißbildung senkrecht zur
Oberfläche. Bei größeren Schichtdicken bildeten sich unabhängig von der Größe des Zustelldrucks solche Spannungs-
risse aus.

5.4.2 Einfluß der Schnittgeschwindigkeit

Die Schnittgeschwindigkeit hat beim Galvanischen Auftragshonen eine entscheidende Bedeutung für die Ausbildung der
Schichtoberfläche. Die Veränderung der Rauhtiefe und des
Mittenrauhwerts bei variierter Schnittgeschwindigkeit ist
in den Bildern 70 und 71 in Abhängigkeit von der Beschichtungszeit aufgezeichnet.

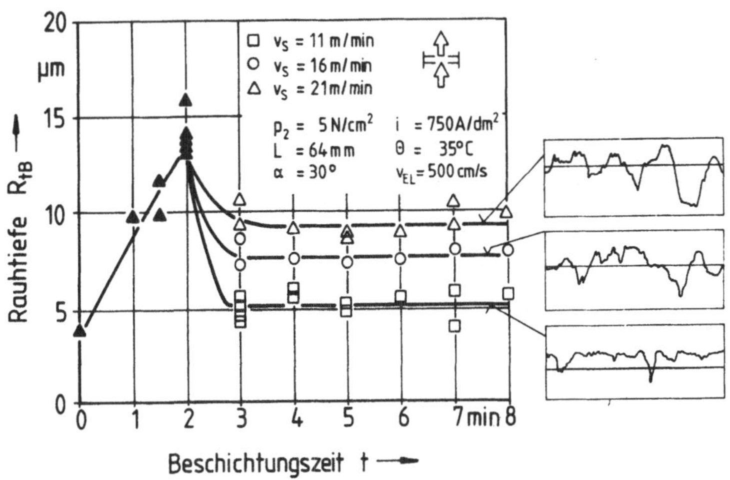

<u>Bild 70:</u> Einfluß der Schnittgeschwindigkeit auf die
Rauhtiefe

Wie ein Vergleich der entsprechenden Kurven (p_2 = 5 N/cm²,
v_s = 11 m/min) in Bild 70 und Bild 66 ergibt, ist die Rauhtiefe der Chromschicht unabhängig von der Strömungsrichtung und der Hublänge. Die Endrauhigkeit bei einer Schnittgeschwindigkeit von 11 m/min liegt bei 5 μm. Mit zunehmender Schnittgeschwindigkeit wird die erreichbare Oberflächengüte schlechter. Dies äußert sich nicht nur in einer
größeren Profiltiefe der Grundstruktur, sondern auch in
der deutlichen Verringerung der tragenden Flächenteile,

wie die 2,5 µm-Linie in den Oberflächenschrieben zeigt.
Entsprechend ungünstiger ist der Verlauf der Tragkurven
bei größeren Schnittgeschwindigkeiten (Bild 72).

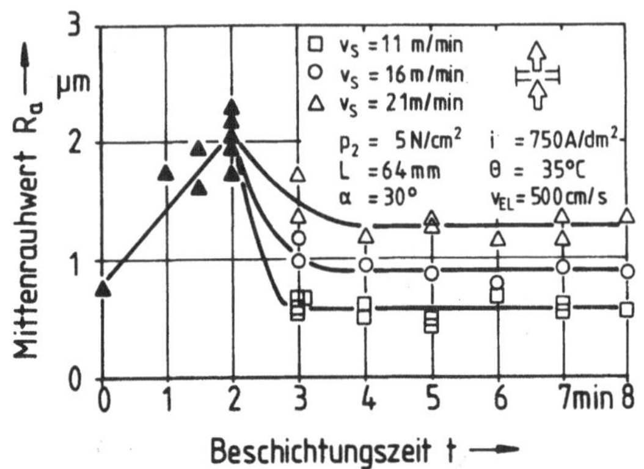

<u>Bild 71:</u> Einfluß der Schnittgeschwindigkeit auf den
Mittenrauhwert

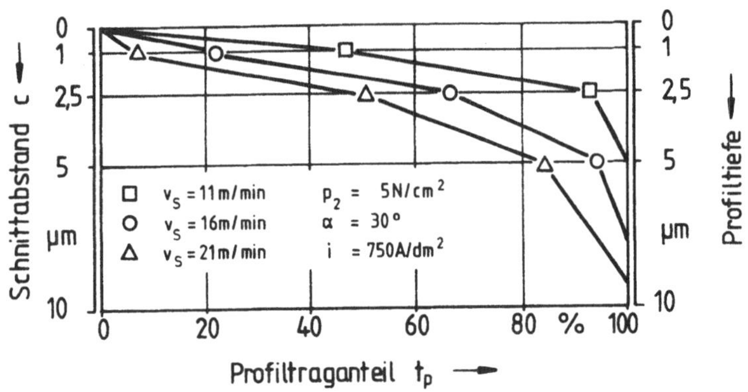

<u>Bild 72:</u> Einfluß der Schnittgeschwindigkeit auf den
Profiltraganteil

Wie die Oberflächen in Wirklichkeit aussehen, zeigen wieder entsprechende REM-Aufnahmen in Bild 73.

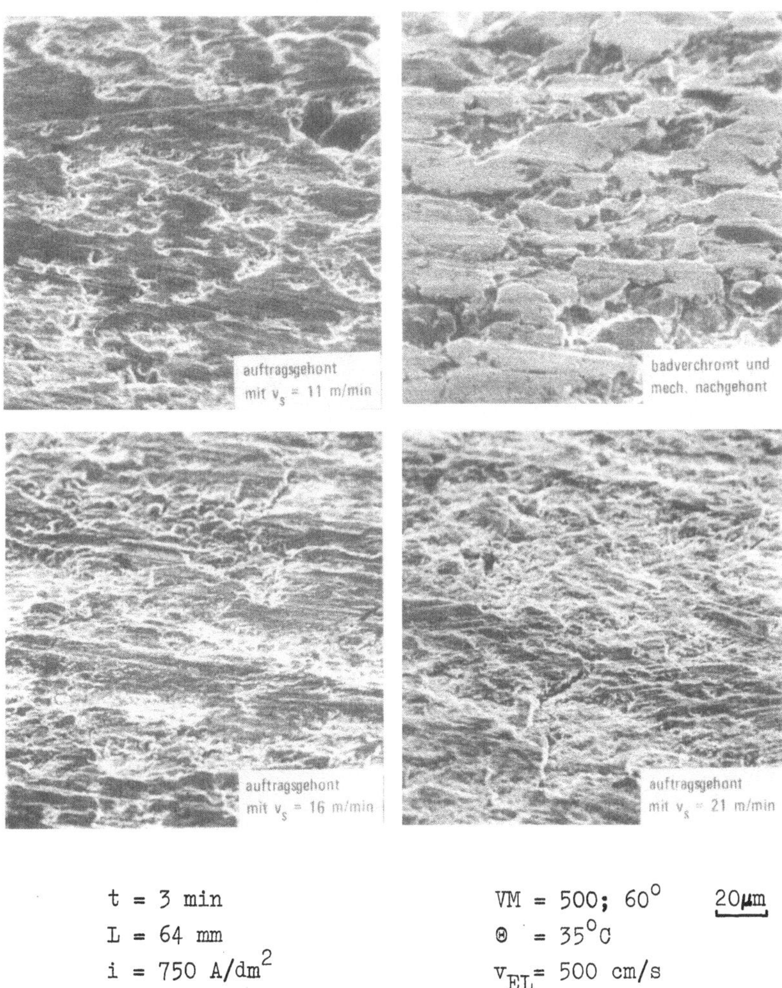

$$t = 3 \text{ min} \qquad VM = 500; \ 60^\circ \qquad \underline{20\mu m}$$
$$L = 64 \text{ mm} \qquad \Theta = 35^\circ C$$
$$i = 750 \text{ A/dm}^2 \qquad v_{EL} = 500 \text{ cm/s}$$

Bild 73: Einfluß der Schnittgeschwindigkeit auf die Schichtausbildung

Bei der Betrachtung ist auf den ersten Blick zu erkennen,
daß die Plateauflächen bei der Schnittgeschwindigkeit von
11 m/min am besten und am glattesten ausgebildet sind. Mit
steigender Schnittgeschwindigkeit ist eine immer mehr zerklüftete und rauhere Oberfläche festzustellen - die elektrolytische Wachstumskomponente bestimmt den Oberflächencharakter, da bei hohen Schnittgeschwindigkeiten die
Schnittwirkung kleiner ist (vgl. Kap. 5.2.4).

An dieser Stelle soll ein Vergleich zu konventionell hergestellten Hartchrom-Zylinderlaufbahnen gegeben werden. Dazu ist in Bild 73 eine REM-Aufnahme einer im Bad verchromten und anschließend kombiniert diamant-keramisch gehonten
Laufbahn hinzugefügt. Bezüglich der Verteilung und Ausbildung der Plateauflächen, ist die mit 11 m/min durch Galvanisches Auftragshonen gefertigte Schicht durchaus vergleichbar. Auch die Schmiermittelspeicherung dürfte ähnlich gut
sein.

5.4.3 Einfluß der Korngröße

Um auch den wichtigen Einfluß der Korngröße auf die Oberflächengüte beim Galvanischen Auftragshonen zu klären, wurde eine Versuchsreihe mit einer feineren Körnung gefahren.
Als Honstein kam ein KS 280/2/35 zum Einsatz, der bezüglich
Bindungsart, Bindungshärte und Schneidmaterial dem bisher
verwendeten Stein entspricht. Die mittlere Korngröße beträgt
bei Körnung 280 etwa 43 µm und ist damit fast halb so klein
wie die Korngröße in den vorhergehenden Versuchen.

Wie beim mechanischen Honen wird durch eine kleinere Korngröße des Honsteins auch beim Galvanischen Auftragshonen
eine bessere Oberflächengüte erreicht. Die Rauhtiefe der
Chromschicht betrug 2 µm und die Oberfläche hatte schon
spiegelnden Charakter.

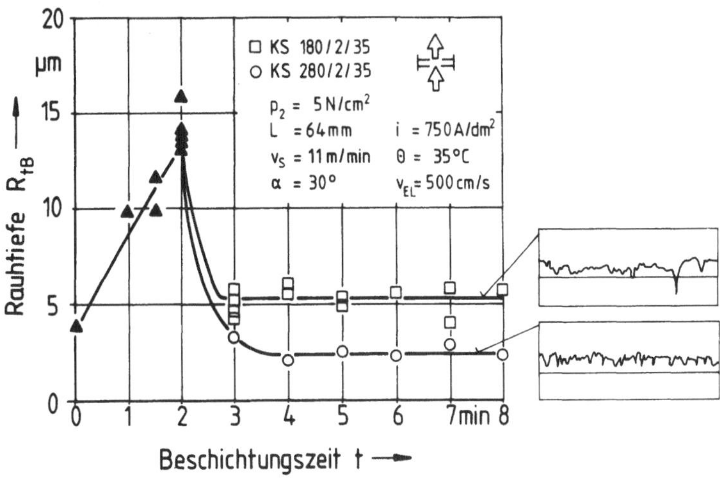

Bild 74: Einfluß der Honsteinkörnung auf die Rauhtiefe

Zur vollständigen Charakterisierung der Oberfläche ist in
Bild 75 der zeitliche Verlauf des Mittenrauhwerts angegeben.

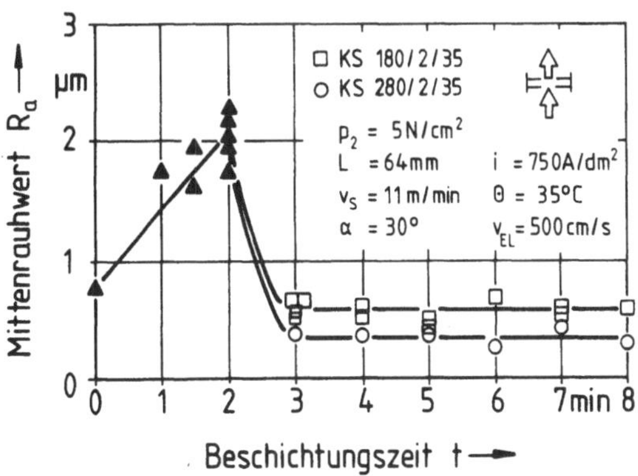

Bild 75: Einfluß der Honsteinkörnung auf den
Mittenrauhwert

5.5 Abscheidungsgeschwindigkeit und Stromausbeute

Bei der Schnellabscheidung von Chrom aus dem Hartchrom-
Standard-Elektrolyten durch Galvanisches Auftragshonen
konnten Abscheidungsgeschwindigkeiten bis zu 32,6 µm/min
erreicht werden. Die angegebenen Abscheidungsraten bezie-
hen sich wieder auf die Nennschichtdicke von 75 µm des Versuchswerkstückes. Der Einfluß von Stromdichte und Schnittgeschwindigkeit auf die Abscheidungsgeschwindigkeit ist in
Bild 76 dargestellt.

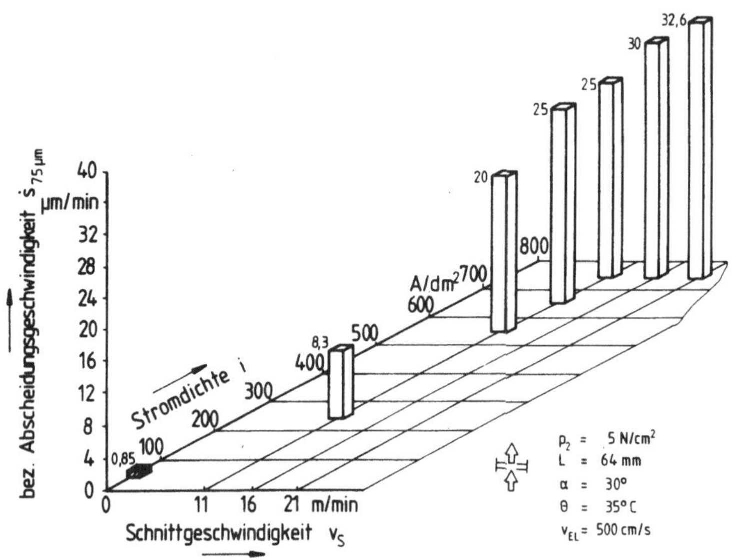

Bild 76: Abscheidungsgeschwindigkeit als Funktion
von Stromdichte und Schnittgeschwindigkeit

Mit zunehmender Energiedichte nimmt die Abscheidungsgeschwindigkeit schnell zu. Für die Erzeugung einer Kolbenlaufbahn ist unter Berücksichtigung einer funktionellen

Oberflächenstruktur (v_S = 11 m/min), mit einem Schichtwachstum von 25 µm/min zu rechnen.

Der Vergleich der kathodischen Stromausbeute beim Galvanischen Auftragshonen, Bild 77, mit den entsprechenden Werten
der Durchflußverchromung, Bild 44, verdeutlicht, daß die
Umsetzung der Energie in Metallniederschlag vor allem im
höheren Stromdichtebereich beim Auftragshonen wesentlich
besser ist. Die Entfernung der Polarisationsschichten durch
die Honsteine während des Schichtwachstums schafft bessere
Abscheidungsbedingungen und ermöglicht so die Anwendung
höherer Stromdichten als im Badverfahren und Durchflußverfahren. Die Wirkungsgrade betragen durchweg mehr als 40 %
und rechtfertigen durch die bessere Energieausnutzung bei
größerer Abscheidungsgeschwindigkeit - unter dem Gesichtspunkt der Energieeinsparung - die Anwendung des Galvanischen Auftragshonens.

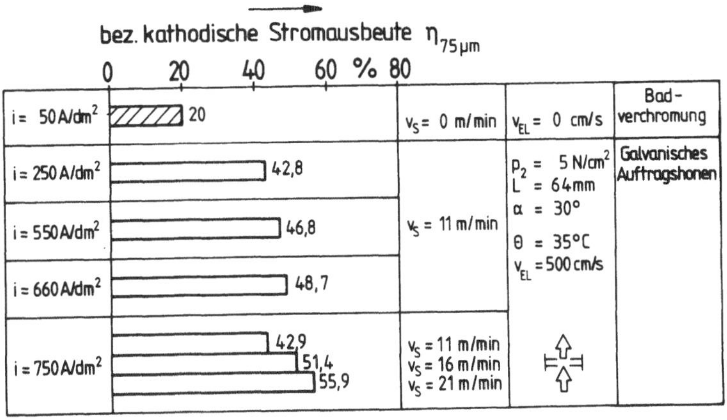

bez. kathodische Stromausbeute $\eta_{75\,\mu m}$

i = 50 A/dm^2 20	v_S = 0 m/min	v_{EL} = 0 cm/s	Bad-verchromung
i = 250 A/dm^2 42,8		p_2 = 5 N/cm^2 L = 64 mm α = 30° θ = 35°C v_{EL} = 500 cm/s	Galvanisches Auftragshonen
i = 550 A/dm^2 46,8	v_S = 11 m/min		
i = 660 A/dm^2 48,7			
i = 750 A/dm^2 42,9 / 51,4 / 55,9	v_S = 11 m/min v_S = 16 m/min v_S = 21 m/min		

Bild 77: Kathodische Stromausbeute beim Galvanischen
Auftragshonen von Chrom

5.6 Bearbeitungsempfehlungen

Aus den Kapiteln 4 und 5.1 bis 5.5 läßt sich der Einfluß
der elektrischen, elektrolytischen und mechanischen Verfah-
rensparameter auf das Arbeitsergebnis im einzelnen ersehen.
Dieser Abschnitt soll nun einen Überblick bieten und Hinweise geben für die Wahl der Parameter in der praktischen
Anwendung des Galvanischen Auftragshonens.

Dazu ist es notwendig, eine graduelle Abstufung der Ein-
flußnahme der Parameter auf das Arbeitsergebnis vorzunehmen. Mit Tabelle 5 ist ein Einflußtableau erstellt, daß
dem Anwender zeigt, welche Größen am sinnvollsten zu ändern sind, wenn ein angestrebtes Arbeitsziel nicht erreicht werden konnte.

		s	Z	R	R_t
Stromdichte	i	++	+	+	+
Elektrolyttemperatur	Θ	++	+	+	+
Strömungsgeschwindigkeit	v_{EL}	++	+	+	+
Strömungsrichtung		++	++	+	–
Zustelldruck 2	p_2	+	+	+	+
Hublänge	L	+	++	+	–
Schnittgeschwindigkeit	v_s	+	+	+	+
Überschneidungswinkel	a	–	+	+	–
Honstein—Körnung		+	–	–	++

++ starker Einfluß
+ Einfluß vorhanden
– kein Einfluß

<u>Tabelle 5:</u> Einflußtableau für das Galvanische
Auftragshonen

Die Anpassung der Abscheidungsgeschwindigkeit an die Bearbeitungsaufgabe kann am einfachsten durch Variation der
Stromdichte erfolgen. Die Angleichung der Strömungsgeschwindigkeit sollte erfahrungsgemäß so vorgenommen werden,
daß der Zahlenwert in cm/s dem Zahlenwert der Stromdichte

in A/dm^2 entspricht. Eine Abweichung von der Elektrolyt-
eintrittstemperatur in den Spalt von 35°C kann beim Galvanischen Auftragshonen, trotz des starken Einflusses der
Temperatur auf das Schichtwachstum, nicht empfohlen werden.
Geringe Variationsmöglichkeiten bestehen durch Änderung
der Honparameter Zustelldruck und Schnittgeschwindigkeit.

Die Strömungsrichtung ist durch die Vorrichtungskonzeption
vorgegeben und ist deshalb meistens unveränderbar. Eine
Abstimmung an die Bearbeitungsaufgabe ist deshalb schon im
voraus nötig. Die steigende Strömungsrichtung ermöglicht
die größte Abscheidungsgeschwindigkeit, überläßt die Formkorrektur aber weitgehend der überlagerten Honung. Die fal-
lende Strömung sollte wegen der besseren Formausbildung vor
allem bei Werkstücken mit großem l_w/d-Verhältnis zum Einsatz kommen.

Die Formausbildung, die Schichtverteilung und die Oberflächengüte wird beim Galvanischen Auftragshonen weitestge-
hend durch die mechanische Komponente geleistet. Hervorzu-
heben ist der Einfluß der Hublänge auf die Zylindrizität
sowie die Beeinflussung der Oberflächengüte durch die Hon-
stein-Körnung, die Schnittgeschwindigkeit und den Zustelldruck.

Die Hublänge ist der geforderten Zylindrizitätsabweichung
leicht anzupassen; sie ist, um eine entsprechende Zylindrizität zu erreichen, i. allg. um 10 - 20 % größer zu wählen
als die Hublänge des mechanischen Honens.

Verschleißfeste Schichten mit hoher Oberflächengüte werden am besten durch feines Korn des Honsteins oder durch
stärkere Anpressung der Honsteine erreicht. Zur Erzeugung
von Kolbenlaufbahnen für Verbrennungsmotoren hat sich die
Körnung 180 bewährt. Der notwendige hohe Traganteil der
Chromschicht konnte am besten durch die Bearbeitung bei

kleinen Schnittgeschwindigkeiten, wie z.B. 11 m/min, erzielt werden.

Für das Versuchswerkstück, den 50 cm^3 Zweitakt-Zylinder,
hat sich folgende Parameterkombination als günstig erwie-
sen:

Schutzschichtbildung im Durchflußverfahren	Galvanisches Auftragshonen
t_D = 1,5 – 2 min	t_H = 1 – 1,5 min
i = 660 – 750 A/dm^2	i = 660 – 750 A/dm^2
Θ = 35^{0}C	Θ = 35^{0}C
v_{EL} = 500 cm/s	v_{EL} = 500 cm/s
	p_1 = 15 N/cm^2
	p_2 = 5 N/cm^2
	L = 72 mm
	v_s = 11 m/min
	a = 30^0
	Honstein 180/2/35
	60x6x6

<u>Tabelle 6:</u> Parameterkombination zur direkten Verchromung
eines Aluminium-Zweitaktzylinders durch Galvanisches Auftragshonen aus dem Hartchrom-
Standard-Elektrolyten

5.7 Elektrolytveränderung und Honsteinverschleiß

Für den Anwender, der das Galvanische Auftragshonen in der
Serienfertigung einsetzen will, ist die Frage nach der
Elektrolytveränderung und dem Honsteinverschleiß über länge-
re Betriebszeiten besonders wichtig. Im Versuchsbetrieb ist
jedoch die Konstanz der Versuchsbedingungen anzustreben.
Deshalb sind Aussagen über die zeitliche Entwicklung der
Elektrolytzusammensetzung und der Honsteinabnahme nur in
beschränktem Umfang möglich.

Da bei der Hartverchromung der Schichtbildner im Elektrolyten enthalten ist, muß in regelmäßigen Abständen die abgeschiedene Chrommenge durch Zugabe von Chromtrioxyd er-
gänzt werden. Der Wasserbedarf durch die Elektrolyse und
die Verdunstung muß selbstverständlich ebenfalls ausgeglichen werden. Wie die in Bild 78 dargestellte Entwicklung
der Dichte und der Leitfähigkeit über die Beschichtungszeit
zeigt, kann die Dichte des Elektrolyten mit dem Aräometer
gut konstant gehalten werden. Dagegen ändert sich die Leitfähigkeit des Elektrolyten auch bei richtig eingestellter
Dichte: sie sinkt mit zunehmender Betriebszeit. Wie aus den
beigefügten Badanalysen entnommen werden kann, ist dies auf
die starke Anreicherung mit dreiwertigem Chrom (Cr_2O_3) zurückzuführen. Der Vergleich mit der Eichkurve in Bild 20
zeigt, daß die Leitfähigkeit des neuangesetzten Elektrolyten, aufgrund des geringen Cr_2O_3-Gehalts (kleiner als 1 g/l),
größer ist als die Werte des eingearbeiteten Elektrolyten.

Da bei der Innenverchromung die Anodenfläche zwangsläufig
kleiner als die Fläche der Kathode ist, wird das während
der Elektrolyse entstehende dreiwertige Chrom nicht in ausreichendem Maße rückoxidiert. Als Richtwert kann - bei dem
vorliegenden Anoden- zu Kathodenflächenverhältnis von 0,8 -
eine Abnahme der Leitfähigkeit von 0,037 $\Omega^{-1}cm^{-1}$ pro Be-
triebsstunde und 100 l Elektrolyt bei einer mittleren Bad-

belastung von 680 A angegeben werden. Die schnelle Anreicherung des dreiwertigen Chroms erklärt sich aus der hohen
Stromdichte und der damit verbundenen hohen Umsatzgeschwindigkeit an den Elektroden. Vergleichswerte für die Innenverchromung in Bädern liegen leider nicht vor.

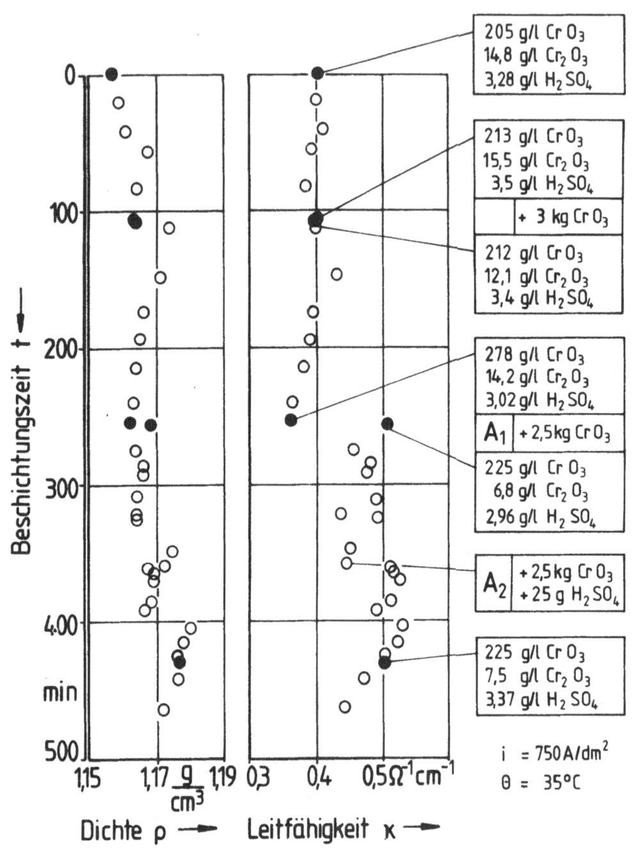

Bild 78: Zeitliche Dichte- und Leitfähigkeitsveränderung
des Elektrolyten

Hohe Chrom-III-Gehalte wirken sich negativ auf die Schichtqualität aus [12]. Es empfiehlt sich daher beim Galvanischen

Auftragshonen mit größeren Elektrolytmengen zu arbeiten.
Wie Bild 78 zeigt, kann durch eine elektrolytische Aufar-
beitung (A_1, A_2) des Elektrolyten mit größerem Anoden- zu
Kathodenflächenverhältnis die Konzentration des dreiwertigen Chroms gesenkt werden. Im Hinblick auf eine Serienfertigung sollte deshalb ein getrennter Behälter zur Aufar-
beitung vorgesehen werden.

Die Veränderung der Fremdsäurekonzentration (H_2SO_4) ist
den Analysen zu entnehmen; sie ist als geringfügig zu bezeichnen.

Es bleibt festzuhalten, daß sich die Elektrolytzusammensetzung beim Galvanischen Auftragshonen genau wie beim Bad-
verchromen ändert. Durch die hohe Stromdichte wird keine
chemische Zersetzungsreaktion ausgelöst, die den Elektrolyten so schädigt, daß er nicht wiederverwendet werden
kann.

Beim Galvanischen Auftragshonen ist die Eingriffszeit der
Honsteine pro Werkstück i. allg. wesentlich größer als beim
mechanischen Honen. Der Honsteinverschleiß ist deshalb besonders kritisch; in der Serienfertigung bestimmt er die
Zeitabstände für den Werkzeugwechsel und hat deshalb entscheidenden Einfluß auf die Wirtschaftlichkeit.

Der Honsteinverschleiß wurde in direkter Messung als Abnahme der Honsteindicke mit einem Universalmeßmikroskop Fabrikat Zeiss, UMM 100/200, gemessen.

In Bild 79 ist der Verlauf des Steinabriebs über die Eingriffszeit der Honsteine für den verwendeten Honstein
KS 180/2/35 dargestellt.

Unter der Annahme einer maximal möglichen Abnahme der Honsteindicke von 2 mm, ergeben sich beim Galvanischen Auf-

tragshonen Standzeiten bis zu 6 Stunden. Wenn man 2 Hon-
minuten pro Werkstück ansetzt, können mit einem Honstein-
satz etwa 180 Zylinder gefertigt werden.

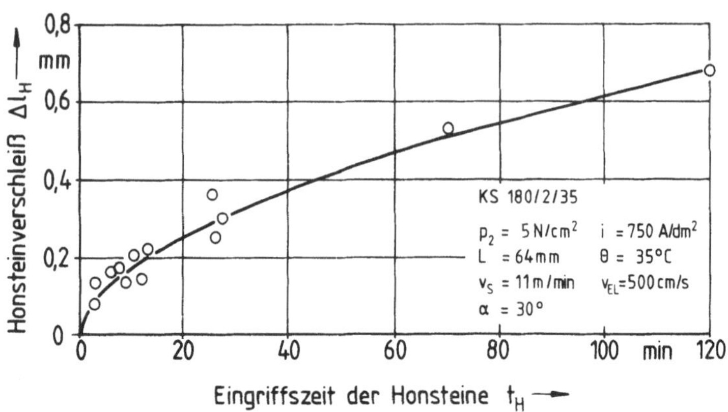

Bild 79: Honsteinverschleiß als Funktion der
Eingriffszeit

Der Zeitabstand für den Werkzeugwechsel wird durch die vor-
geschaltete Durchflußverchromung noch vergrößert, so daß
die Fertigung einer 75 μm dicken Hartchrom-Verschleißschutz-
schicht sogar im Zweischicht-Betrieb problemlos möglich
wird.

Eine Zersetzung der keramischen Bindung durch den chemischen Angriff der Chromsäure und der Schwefelsäure oder
durch die Einwirkung der Elektrolyse, konnte während der
gesamten Versuchszeit nicht festgestellt werden.

5.8 Einfluß der Zerspanung auf den Schichtaufbau

5.8.1 Oberflächenausbildung

Die Auswirkung des Überschleifens der Honsteine auf die
Oberfläche der erzeugten Chromschicht ist am besten am
Übergang der Zylinderfläche zu den Gaswechsel-Kanälen zu
zeigen. Da die Durchdringungskante von Zylinder- und Kanal-
fläche aus galvanotechnischen Gründen mit einer Fase versehen ist, hat hier die Honkomponente keinen Einfluß auf
die Schichtbildung. In Bild 80 ist ein angefaster Kanal-
rand sichtbar: links die auftragsgehonte Fläche des Zylinders und rechts die ohne mechanische Komponente, aber bei
völlig gleichen Abscheidungsbedingungen gewachsene Chromschicht.

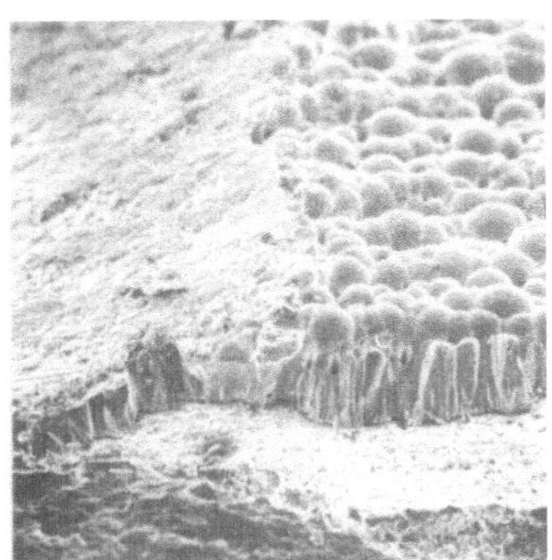

__Bild 80:__ Einfluß der überlagerten Zerspanung auf die
Schichtoberfläche

Der Abbau der Chromknospen durch die Schleifwirkung der
Honsteine während des Schichtwachstums ist deutlich sichtbar. Die angestrebte Verbesserung des Füllungsgrades wird
durch die überlagerte Zerspanung erreicht, so daß die ge-

samte, aufgewachsene Schicht auch tatsächlich als Laufflä-
che technisch genutzt werden kann. Erst durch diese Einebnung ist eine Maßverchromung bei hoher Wachstumsgeschwindigkeit überhaupt erreichbar.

Der Übergang von der Zylinderlauffläche zur knospigen Fasenfläche ist recht gut ausgebildet. Die sonst bei der konventionellen Zylinderfertigung notwendige Feilbearbeitung zur Beseitigung von Chromauswüchsen und Randverdickungen aufgrund der elektrischen Spitzenwirkung, wird schon durch die Honkomponente geleistet.

5.8.2 Schicht- und Kristallstruktur

Nicht nur auf die Oberfläche, sondern vor allem auf die Schichtstruktur hat die überlagerte Zerspanung großen Einfluß.

In Bild 81 ist das Schichtwachstum in verschiedenen Stadien anhand von Querschliffen dargestellt. Nach 2 min ist die Schutzchromschicht im Durchflußverfahren aufgebracht. Die Struktur ist vertikal bzw. radial, d.h. es liegt das schon bekannte feldorientierte Wachstum senkrecht zum Trägermetall vor.

Mit zunehmender Bearbeitungszeit bewirken die nun ausgefahrenen Honsteine eine bessere Aktivierung der Oberfläche. Die Entfernung der stromhemmenden Polarisationsschichten ermöglicht eine verstärkte und gleichmäßigere Keimbildung. Dies führt zu einer gegenüber der Schutzchromschicht feinkristallineren Schicht und zur Änderung der Struktur der abgeschiedenen Chromschicht. Sie geht vom vertikalen, stromlinienparallelen Wachstum in eine dichte horizontale, zum Trägermetall parallele Schichtung über. Die Bindung zwischen den beiden Strukturen ist gut und der Übergang fugenlos.

Jetzt wird auch der in Kapitel 5.2.1 angesprochene Wachs-
tumsschub nach dem Aufsetzen der Honsteine klar. Durch die
Bildung von neuen Wachstumsstellen kann die Chromschicht
trotz des mechanischen Abtrags schneller wachsen.

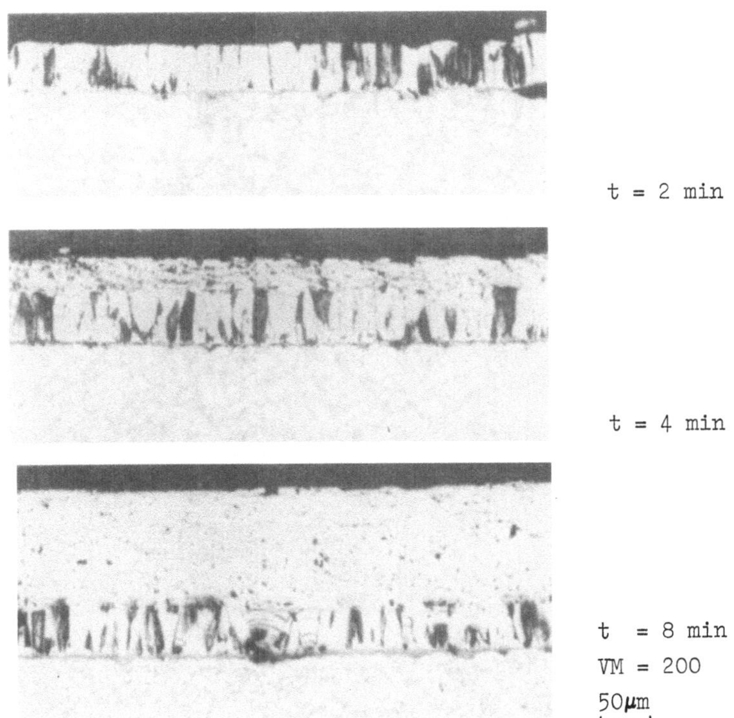

<u>Bild 81:</u> Entwicklung einer auftragsgehonten
Doppelschicht im Querschliff

Durch die zur Direktverchromung von Aluminium notwendige
Kombination von Durchflußverchromung und Galvanischem
Auftragshonen entsteht eine neuartige Doppel-Chromschicht.
Der unterschiedliche Charakter der beiden Schichtkomponenten

wird in den REM-Aufnahmen von Bild 82 besonders deutlich.
Bei der 255fachen Vergrößerung hat man noch den Eindruck,
daß die Wachstumsrichtung der auftragsgehonten Schicht
parallel zum Trägermetall ist. Der schon von Micromatic
[35, 82] bei Kupfer und Nickel festgestellte lamellare,
streifige Charakter der Schicht liegt also auch bei Chrom
vor. Bei stärkerer Vergrößerung erkennt man jedoch in der
rechten Aufnahme, daß die Wachstumsrichtung der Chromkri-
stalle in den dünnen, horizontalen Schichten der auftragsgehonten Schicht doch vertikal, also senkrecht zum Trägermetall und damit stromlinienparallel ist.

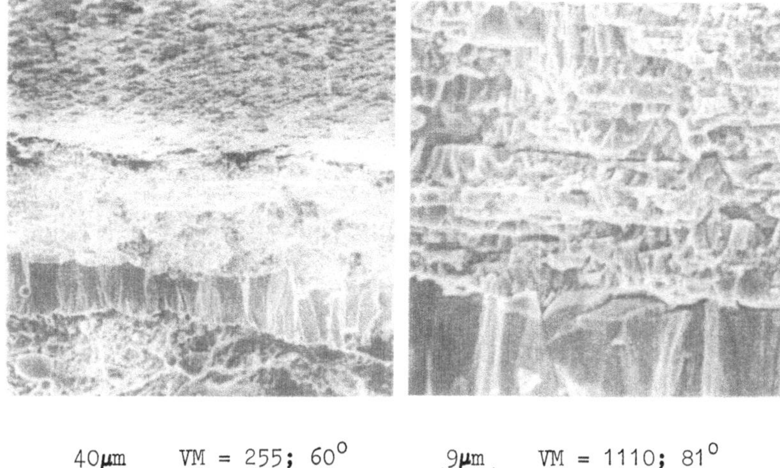

40 µm   VM = 255; 60°   9 µm   VM = 1110; 81°

Bild 82: Schicht- und Kristallstruktur einer
auftragsgehonten Chromschicht

Der Einfluß der dem elektrolytischen Schichtwachstum überlagerten Honung auf die Schichtung ist nicht so, wie man
sie vordergründig erwartet. Die Wachstumsunterbrechung
durch die Honsteine müßte bei den verwendeten Drehzahlen
eine Schichtung von 0,07 µm und kleiner ergeben.

Tatsächlich liegen die Abstände der horizontalen Schichten aber in Bereichen von 2 - 7 µm. Eine feinere und drehzahl- also schnittgeschwindigkeitsabhängige Schichtung, konnte auch bei größeren Vergrößerungen nicht festgestellt werden. Es liegt daher die Vermutung nahe, daß die Schnittkräfte nicht ausreichen, um eine dichtere Schichtung gegen das kleinknospige Chromwachstum durchzusetzen. Sicherlich treten aber beim Zurückdrücken der Honsteine durch die wachsende Schicht Kraftspitzen bei der Überwindung des Reibungswiderstandes auf, die dann die beobachtete gröbere Schichtung bewirken.

Lamellare Streifungen der Chromschicht, wie sie von Wiegand und Kaiser [83] bei allen praxisnahen Abscheidungsbedingungen festgestellt wurden, konnten teilweise auch bei der im Durchflußverfahren abgeschiedenen Schutzchromschicht beobachtet werden. Wie die rechte REM-Aufnahme in Bild 82 zeigt, setzt sich diese Streifung sogar in den kleinen Chromknospen der auftragsgehonten Schicht fort.

Chrom kristallisiert im Abscheidungsgebiet der glänzend harten Niederschläge in der beständigen kubisch-raumzentrierten Form des β-Chroms. Daneben kennt man bei elektrolytisch abgeschiedenem, wasserstoffreichem Chrom α-Chrom mit hexagonalem Gitter und γ-Chrom vom α-Mn-Typ. Die Existenz des letzteren ist allerdings umstritten [12]. Nach Knödler [84, 85] wird die Bildung von Chromhydrid (α-Chrom) besonders begünstigt durch niedere Badtemperatur, hohe Stromdichte, hohe Chromsäurekonzentration und pulsierenden Gleichstrom. Das Hydrid bildet sich wahrscheinlich dadurch, daß bei Erreichen eines bestimmten Übersättigungsgrades an Wasserstoff das kubisch-raumzentrierte Gitter instabil wird und die hexagonale Abscheidungsform des Chroms, die eine höhere Aufnahmefähigkeit für Wasserstoff hat, bevorzugt wird.

Da beim Galvanischen Auftragshonen von Chrom bei Elektrolyttemperaturen von $35^{\circ}C$ und Stromdichten von 750 A/dm^2 gearbeitet wird, müßte die Voraussetzung zur Bildung von
Chromhydrid günstig sein. Es wurden deshalb Strukturunter-
suchungen mit einem Siemensdiffraktometer mit Kupferstrah-
lung $K_{\alpha 1}$ vorgenommen. Dabei wurden Beugungsdiagramme von
im Bad erzeugten Chromschichten mit solchen von auftragsgehonten und durchflußverchromten Schichten verglichen. Um
den Fehler durch die Bestrahlung der gekrümmten Zylinderfläche abschätzen zu können, wurden einige Proben pulveri-
siert. Als Strukturvergleich dienten zwei kubisch-raumzentrierte Chromstrukturen und die Struktur von hexagonalem CrH.

Als Ergebnis dieser Versuche muß festgehalten werden, daß
keine signifikanten Unterschiede zwischen den Proben "Bad"
und "Galvanisches Auftragshonen" festgestellt werden konnten. Auch die Schutzchromschicht scheint in der gleichen
Form abgeschieden zu sein. Die Reflexionswinkel sind den
Daten der kubisch-raumzentrierten Abscheidungsform am besten zuzuordnen, während CrH nicht nachgewiesen werden
konnte.

6. PRÜFUNG UND BEURTEILUNG DER ERZEUGTEN SCHICHTQUALITÄT

Nachdem die fertigungstechnische Aufgabe, eine Hartchromschicht möglichst schnell, direkt auf Aluminium mit gleichmäßiger Schichtdicke und funktionsgerechter Oberflächengüte
abzuscheiden, gelöst ist, steht noch die Prüfung und Beurteilung der erzeugten Schichten aus. Schließlich sind die
Eigenschaften und die Qualität der durch Galvanisches Auftragshonen erzeugten Doppel-Chromschicht entscheidend für
den Einsatz des Verfahrens.

6.1 Haftfestigkeit und innere Spannungen

Die Kräfte, welche die Haftfestigkeit des Metallüberzuges
auf dem Trägermetall bedingen, sind atomarer Natur [12].
Die Haftung wird also um so größer sein, je besser die
Kräfte der Oberflächenatome die Atome eines aufgebrachten
Niederschlages anziehen können. Für eine gute Haftfestigkeit ist es deshalb erforderlich, daß sich zwischen Grund-
und Niederschlagsmetall keine störenden Fremdstoffe, wie
Oxydschichten oder Fette, befinden. Wenn dafür Sorge getragen wird, daß die Oxydschicht des Aluminiums durch die
chemische Vorbehandlung entfernt wird, ist mit einer sehr
großen Haftfestigkeit des Chroms zu rechnen [13, 14]. Die
chemische Vorbehandlung hat darüberhinaus eine aufrauhende
Wirkung; die Aluminiumoberfläche wird porig und bietet
durch die Vergrößerung der metallischen Fläche die Gewähr
für eine gute Verbindung zwischen Chrom und Aluminium. Wie
Bild 83 zeigt, gelingt die Anbindung der Chromschicht an
den Aluminiumgrundwerkstoff beim Galvanischen Auftragshonen
gut. Die Oberflächenporen der Al-Si-Matrix sind ausgezeich-
net mit Chrom ausgefüllt. Die Ausbildung der feldorientierten Struktur der Schutzchromschicht wirkt sich nicht stö-
rend aus. Die dünne, schwarze Linie zwischen Al und Cr im

Querschliff ist auf den Härtesprung zurückzuführen und
stellt deshalb keine Trennfuge dar.

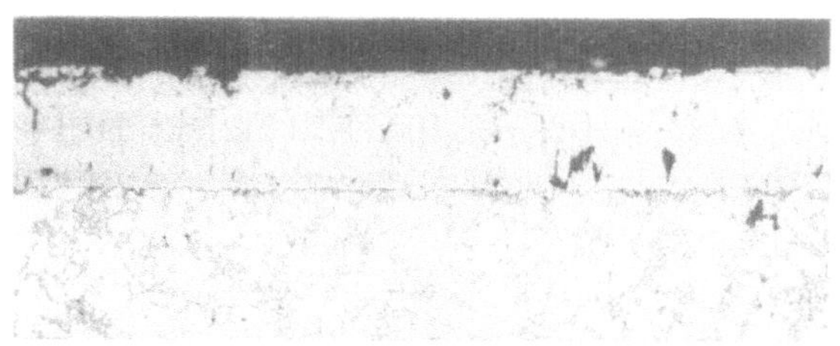

Bild 83: Bindung zwischen Chromschicht und
Al-Si-Grundmaterial

Den fünfmaligen Abschreckversuch der Haftfestigkeitsprüfung überstehen die erzeugten Chromschichten ohne Veränderungen zu zeigen und ohne sich vom Grundmetall zu lösen.
Auch eine Trennung der beiden Schichten der Doppel-Chromschicht in der Übergangszone wurde nicht festgestellt. Eine
Einschränkung ist hier allerdings zu machen: wenn die Schicht
aus einem Elektrolyten mit zu hohem Gehalt an dreiwertigem
Chrom, z.B. größer als 20 g/l, abgeschieden wurde, versprö-
det sie und neigt bei der Abschreckung zu Abplatzungen. Vor
allem an den Bohrungsrändern ergaben sich Kantenabspringer.

Wesentlich interessanter ist die Beobachtung, daß sich bei
der Abschreckung von Schichten, die mit dem kleinsten Zustelldruck von 3 N/cm^2 abgeschieden wurden, ein großmaschi-
ges Rißnetzwerk ausbildete. In Bild 84 ist eine Makroauf-
nahme eines solchen Rißnetzwerkes wiedergegeben. Schichten
die mit größerem Zustelldruck erzeugt wurden, zeigten diese
Veränderung nicht.

Als Erklärung für diese Beobachtung kann folgende Hypothese
aufgestellt werden: Chromschichten haben sehr hohe innere
Spannungen, die wahrscheinlich mit der Volumenschrumpfung

aufgrund der Wasserstoffabgabe zusammenhängen [12, 14]. Vor
allem bei dicken Schichten handelt es sich dabei um Zugspannungen, die schließlich die Festigkeit des Metalls über-
steigen und zum Aufreißen der Schicht und zur Ausbildung
eines Rißnetzwerkes führen. Die mechanische Bearbeitung
durch Honen ergibt nach Tönshoff [86] eine Beeinflussung
der Randzone der bearbeiteten Oberfläche. Im allgemeinen
werden in der Gefügerandzone Druckeigenspannungen aufge-
baut [87].

Beim Galvanischen Auftragshonen ist es nun vorstellbar, daß
die bei der Schichtbildung auftretenden Zugspannungen in
der Schicht durch die eingeführten Druckspannungen der Zerspanung überlagert werden und bei genügend hohem Anpreß-
druck der Honsteine schließlich kompensiert werden. Eine
Überprüfung dieser Hypothese konnte im Rahmen dieser Arbeit
nicht durchgeführt werden, da Spannungs- und Eigenspannungs-
messungen an Chromschichten sehr aufwendig sind [88].

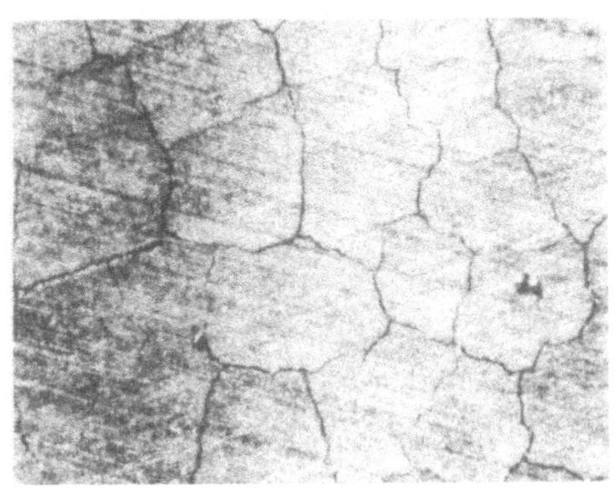

1,5mm

VM = 6,4

Bild 84: Rißnetzwerk nach fünfmaliger Abschreckung
einer 3 N/cm^2-Chromschicht

Im übrigen beeinträchtigen mosaikförmige Rißnetzwerke die
Haftfestigkeit der Hartchromschicht nicht, sondern erhöhen

sie nach Angaben von Meyer-Rässler [13] sogar, da jedes ein-
zelne Chromblöckchen fest im Grundmetall verankert ist.
Wärmespannungen, die z.B. durch Erwärmung des verchromten
Aluminiumzylinders beim Verbrennungsprozeß auftreten, können sich wegen des Rißnetzwerkes nicht richtig ausbilden
und führen nur zur Verbreiterung der Risse, aber nicht zur
Ablösung der Schicht.

6.2 Härte

Die Härte des Elektrolytchroms hängt von der Elektrolytzusammensetzung und den Abscheidungsbedingungen ab. Sie beträgt im Abscheidungsgebiet der glänzenden, harten Chrom-
niederschläge in Abhängigkeit von Stromdichte und Elektrolyttemperatur etwa 750 - 1250 kp/mm^2 [12].

Die am Querschliff gemessenen Vickershärten streuen sehr
stark. Dies ist auf die für die Härtemessung doch sehr
dünne Schicht und die große Härte sowie die Sprödigkeit
des Chroms zurückzuführen. In Bild 85 sind deshalb Bereiche für die Vickershärte in Abhängigkeit von Stromdichte
und Elektrolyttemperatur angegeben.

Die Abnahme der Härte der rein elektrolytisch erzeugten
Schutzchromschicht mit zunehmender Stromdichte und fallender Elektrolyttemperatur ist deutlich. Die Beeinflussung
der Härte der Schicht durch die überlagerte Zerspanung läßt
sich bei der erzeugten Doppelschicht gut ermitteln. Bei
sonst völlig gleichen Abscheidungsbedingungen wurden Härte-
anstiege bis zu 60 % erzielt; im Mittel liegt die Zunahme
bei 17 %.

Aufgrund der großen Streuungen können keine genauen Angaben über den Einfluß des Zustelldrucks oder der Schnittge-

schwindigkeit auf die Härte gemacht werden. Der Härtean-
stieg ist aber auf jeden Fall der überlagerten Zerspanung
zuzuordnen. Entscheidend ist wahrscheinlich der durch die
Schleifeinwirkung feinkristallinere Aufbau der auftragsgehonten Schicht.

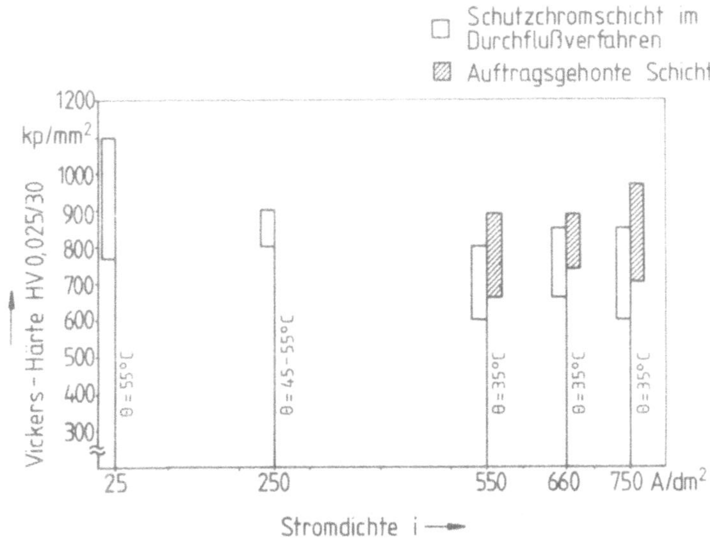

Bild 85: Vickershärte als Funktion von Stromdichte,
Elektrolyttemperatur und überlagerter Zerspanung

Die Zusammensetzung der Doppel-Chromschicht aus einer wei-
cheren Grundschicht und einer Deckschicht im mittleren
Härtebereich zwischen 700 und 1000 kp/mm^2, sollte die Forderung nach einer elastischen aber ausreichend harten Verschleißschutzschicht, wie sie ideal für Verbrennungsmotoren
ist, besser erfüllen als konventionelle Chromschichten.

6.3 Verschleißuntersuchungen

Die Größe des Verschleißes der Oberflächenschutzschicht ist
bei vorgegebener Schichtdicke bestimmend für die Lebensdauer
des Aluminiumzylinders. Besonders kritisch hinsichtlich des
Verschleißes ist die Einlaufphase des Motors, weil am Be-
triebsanfang die höchsten Verschleißraten auftreten.

Die motorische Erprobung der durch Galvanisches Auftragshonen mit einer Hartchromschicht beschichteten Aluminiumzylinder wurde auf einem Prüfstand der Firma MAHLE GmbH
durchgeführt. Der Prüfstand, Bild 86, ist mit einer Elektro-
bremse mit Programmsteuerung, einer Drehmomentwaage bis
5 kp und einem Fremdgebläse zur Kühlung ausgerüstet.

Bild 86: Motorprüfstand mit Versuchszylinder (MAHLE)

Bei den Verschleißversuchen wurden St-Z IKA 3-Kolbenringe
eingesetzt. Als Kraftstoff wurde BV-Benzin ($\rho = 0,735$ g/cm^3)
und als Schmiermittel Exxon 2T, Mischung 1:50 verwendet.

Der Dauerlauf wurde mit Vergasereinstellung HD 78 und einer
Kühlluftgeschwindigkeit von 72 km/h gefahren. Als maximale
Zündkerzensitztemperatur wurden 185°C gemessen.

Das Versuchsprogramm setzte sich wie folgt zusammen:

> 1,5 h - Einlauf mit Teillast
>
> 1   h - Vollastmessungen
>
> 100 h - Vollast-Dauerlauf mit Drehzahl
> n = 7500, 8500, 9000, 8000 U/min
> alle 15 min wechselnd
>
> 1   h - Vollastmessungen

In einem zweiten Prüflauf wurde das Drehzahlprogramm jeweils um 500 U/min gesteigert.

Nach den Vollastdauerläufen über 100 h konnte ein gutes
Laufverhalten der auftragsgehonten Chromschicht - ähnlich
dem einer konventionell im Badverfahren erzeugten Chrom 3-
Schicht - festgestellt werden. An badverchromten Zylindern
gleichen Typs wurde nach 100 Stunden Testlauf in Abhängigkeit von Honung und Badzusammensetzung ein Schichtverschleiß
von 4 - 25 μm und ein Ringverschleiß von 10 - 20 mg ermittelt. Die an den auftragsgehonten Zylindern gemessenen Ver-
schleißwerte sind in Bild 87 diesen Werten gegenübergestellt.

Der Zylinderverschleiß ist mit 4 μm und bei erhöhten Drehzahlen mit 8 μm ebenso wie der Kolbenringverschleiß sehr gering. Die Schnitte der Zylinderbohrung in Bolzen- und Druck-
richtung zeigen, daß der Verschleiß an den Kanalrändern der
Gaswechselöffnungen am größten ist.

Die Zylinderlaufbahn zeigte nach 100 h Laufzeit nur geringe
Laufspuren und Verfärbungen und die Honung war noch überall
erkennbar.

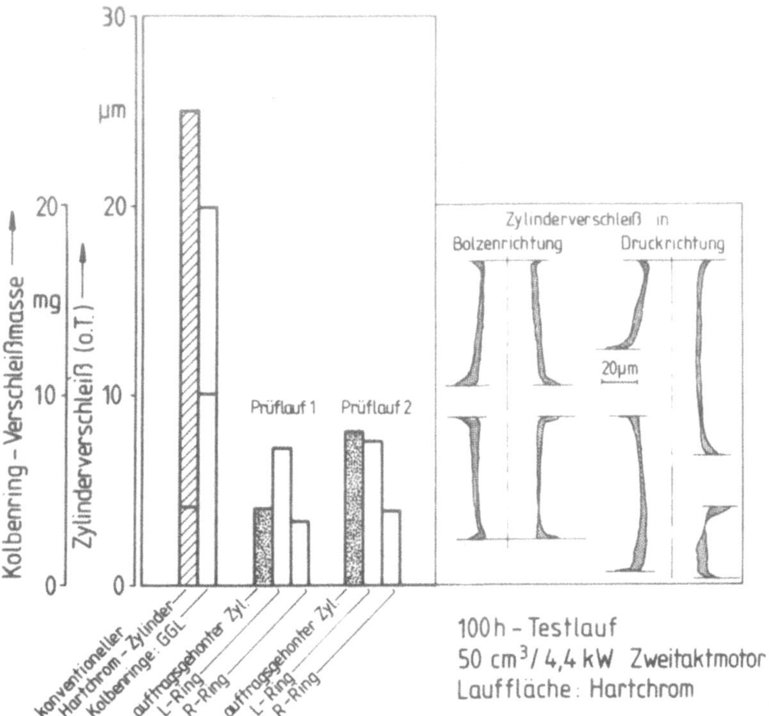

Bild 87: Vergleich des Zylinder- und Kolbenringver-
schleißes von badverchromten und auftragsgehonten Leichtmetallzylindern

Wie die Verschleißversuche im Motor zeigten, hält die
durch Galvanisches Auftragshonen erzeugte Hartchromschicht
den mechanischen, thermischen und chemischen Betriebsbean-
spruchungen im Zweitakt-Verbrennungsmotor stand und bietet
für den Aluminiumzylinder einen ausreichenden Verschleiß-
schutz.

7. VERFAHRENSVERGLEICH BADVERCHROMUNG-GALVANISCHES AUFTRAGSHONEN

Abschließend soll ein Verfahrensvergleich zwischen der Badverchromung und der Verchromung durch Galvanisches Auftragshonen an dem Arbeitsbeispiel 50 cm^3-Zweitakt-Aluminiumzylin-
der gegeben werden.

Die Fertigungsaufgabe lautet: Beschichtung des Zylinders
mit einer 75 µm dicken Hartchromschicht. Die Zylindrizitätsabweichung der 84 mm langen Bohrung soll 12 µm nicht
überschreiten; als Rundheitsabweichung sind maximal 8 µm
zulässig. Die Oberflächengüte verlangt eine Rauhtiefe von
2,5 µm im Tragbereich, wobei durch Ausbildung einer Grundstruktur eine ausreichende Ölhaftung gewährleistet sein
muß.

Wird der Zylinder wie bisher im Tauchverfahren im Bad ver-
chromt, so umfaßt der Arbeitsplan nach dem Gießen und der
spanenden Vorbearbeitung folgende Arbeitsfolgen:

- Chemische Vorbehandlung zur Entfettung und
  Entfernung der Oxydschichten

- Verchromung im Bad

- Mechanische Nachbearbeitung durch Honen
  (Plateauhonen)

Wie Bild 88 zeigt, wird für diese drei Arbeitsgänge eine
Hauptzeit von etwa 97 min benötigt, wobei der eigentliche
Beschichtungsprozeß mit 90 min am längsten dauert.

Durch den Einsatz des Galvanischen Auftragshonens kann
der Zylinder nach der chemischen Vorbehandlung in der Honmaschine in einer Aufspannung fix und fertig bearbeitet
werden. Da die separate mechanische Nachbearbeitung weg-

fällt, reduziert sich der Arbeitsplan auf zwei Positionen:

- Chemische Vorbehandlung zur Entfettung und
  Entfernung der Oxydschichten

- Verchromung durch Galvanisches Auftragshonen

Mit dem Galvanischen Auftragshonen läßt sich die Hauptzeit
auf 9 min verkürzen, vgl. Bild 88, wobei die Beschichtung
nur noch 3 min dauert.

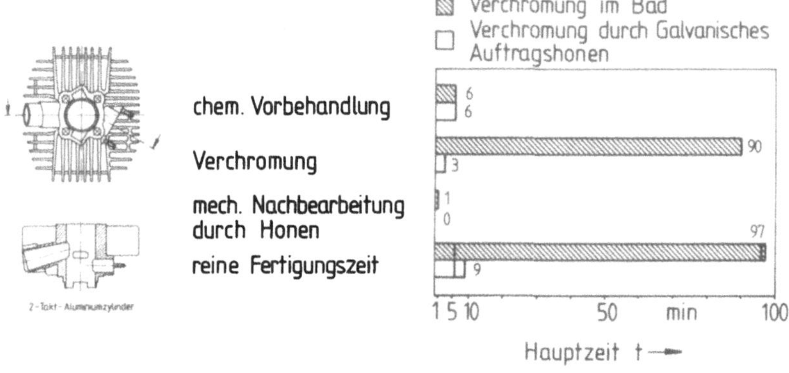

<u>Bild 88:</u> Vergleich der Fertigungszeit für eine 75 µm
Hartchromschicht im Badverfahren und beim
Galvanischen Auftragshonen

Zylinder die mit den in Kapitel 5.6, Tabelle 6, angegebenen
Einstellwerten gefertigt wurden, liegen in der geforderten
Form- und Oberflächentoleranz. Die Kleinserienfertigung mit
zeitgesteuertem Arbeitsprozeß ergab eine maximale Streuung
des Nenndurchmessers von 19 µm. Die üblichen Zylinder-Maß-
gruppen, die i. allg. eine Stufung von 5 µm haben, sind
also auch beim Galvanischen Auftragshonen erforderlich.
Eine Beschränkung auf zwei Gruppen wird aber sicherlich
möglich, wenn die Maschine mit einer automatischen Strom-

konstanthaltung ausgerüstet ist.

Wie der Vergleich der zur Verchromung eines Zylinders notwendigen Elektrizitätsmenge in Bild 89 zeigt, fällt die Energiebilanz zu Gunsten des Galvanischen Auftragshonens aus. Die erforderliche Ladungsmenge ist um über 50 % kleiner; der spezifische Energiebedarf bei der Badverchromung beträgt 0,9 Ah/µm, dagegen bei der Hartverchromung durch Galvanisches Auftragshonen nur 0,4 Ah/µm.

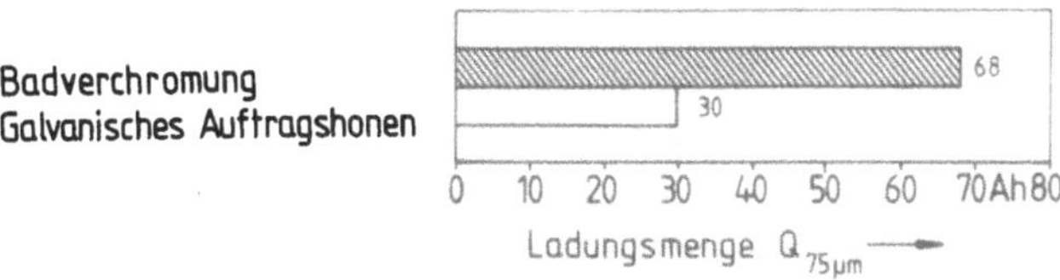

Bild 89: Erforderliche Ladungsmenge für die Hartverchromung eines Zylinders

Da die Abscheidungsrate und die Stromausbeute bei der Hartverchromung durch Galvanisches Auftragshonen wesentlich höher liegen als bei der herkömmlichen Badverchromung, müßten sich auch herstellungsmäßige Kostenvorteile ergeben.

8. ZUSAMMENFASSUNG

Angesichts der in den letzten Jahren zunehmenden Tendenz
zum Leichtmetallmotor, hat die Schaffung eines geeigneten
Verschleißschutzes für die Kolbenlaufbahn im Aluminiumzylinder wieder an Bedeutung gewonnen. Die Verfahrensent-
wicklung steht dabei immer mehr unter wirtschaftlichen
Zwängen: die technische Funktionserfüllung allein ist nicht
mehr ausreichend, sondern es muß eine möglichst schnelle
und kostengünstige Fertigung erreicht werden. Die Entwicklung leistungsfähiger, galvanischer Schnellabscheidungs-
verfahren, wie das Galvanische Auftragshonen, bietet die
Möglichkeit die Zylinderfertigung zu rationalisieren.

Kurze Bearbeitungszeiten bedeuten in der Galvanotechnik
hohe Abscheidungsgeschwindigkeiten. Die Intensivierung der
elektrolytischen Abscheidung kann nur erreicht werden, wenn
es gelingt, die stromhemmenden Schichten auf der Kathode
zu entfernen. In der vorliegenden Arbeit wurden die beiden
prinzipiellen Möglichkeiten dazu untersucht: Abbau bzw.
Entfernung der Polarisationsschichten durch einen strömenden Elektrolyten oder durch eine dem Schichtwachstum überlagerte Zerspanung.

Die Versuche im Durchflußverfahren zeigten, daß durch einen
die Elektrolysezelle durchströmenden Elektrolyten die Stromdichte erhöht werden kann und dadurch eine Steigerung der
Wachstumsgeschwindigkeit erzielt wird. Nach der raschen
flächigen Überdeckung des Aluminiums setzt ein stromdich-
teabhängiges, feldorientiertes Knospenwachstum ein. Es wurde experimentell gezeigt, daß durch die Elektrolyseparameter Strömungsgeschwindigkeit und Elektrolyttemperatur die
Schichtbildung vergleichmäßigt werden kann. Es gelingt aber
nicht, die Knospenbildung des Chroms ganz zu verhindern, so
daß die im Durchflußverfahren erzeugten Chromschichten nur
durch eine mechanische Nachbearbeitung als Lauffläche nutzbar werden.

Die Überlagerung der Zerspanung durch die Honsteine während
des elektrolytischen Schichtaufbaus führt beim Galvanischen
Auftragshonen zur Unterdrückung der starken Knospigkeit des
Chroms bei hohen Stromdichten, zugunsten eines hohen Tragan-
teils. Die Oberfläche setzt sich aus glattgehonten Plateauflächen und tieferliegenden, rauhen Bereichen zusammen, die
eine gute Ölspeicherung garantieren, und eignet sich deshalb gut für Verschleißvorgänge.

Durch die periodische Unterbrechung der Polarisationen
durch die Schleifwirkung der Honsteine wird die Oberfläche
aktiviert; dies ermöglicht die Bildung vieler neuer Wachstumsstellen und führt zu einem noch schnelleren, feinkristallineren Schichtwachstum. Die Abscheidungsgeschwindigkeit konnte bis auf über 30 µm/min gesteigert werden.

Die Einflüsse der wichtigsten mechanischen und elektrolytischen Verfahrensgrößen auf das Schichtwachstum, die Formausbildung und die Oberflächengüte wurden dargestellt.
Durch die vollständige Angabe aller Versuchsgrößen erhält
der Anwender erstmals einen exakten Überblick über die
Technologie des Galvanischen Auftragshonens. Die Darstellung der Grundlagen in dieser Arbeit gibt ihm Hinweise zur
Anlagenplanung, zur konstruktiven Gestaltung des Werkzeugs
und der Vorrichtung sowie zum Betriebsverhalten des Prozesses und ermöglicht die Auswahl einer geeigneten Parameterkombination für eine durch Galvanisches Auftragshonen zu
lösende Fertigungsaufgabe.

Durch den neuentwickelten, zweistufigen Verfahrensablauf
(DBPa) wird es erstmals möglich, Aluminiumzylinder durch
Galvanisches Auftragshonen direkt zu verchromen. Er ist
dadurch gekennzeichnet, daß die bisher notwendige, separat
auf das Aluminium aufgebrachte Zwischenschicht durch eine
im Durchflußverfahren abgeschiedene, dünne Schutzchromschicht ersetzt wird. Da die Durchflußverchromung in der

Auftragshonmaschine dem Galvanischen Auftragshonen direkt
vorgeschaltet wird, wird die Fertigung vereinfacht und damit kostengünstiger.

Die Kombination von Durchflußverchromung und Galvanischem
Auftragshonen ergibt eine neuartige Doppel-Chromschicht.
Die Schicht zeichnet sich dadurch aus, daß die Grundschicht
weicher ist und die obere, verschleißbeanspruchte Schicht
durch den Einfluß der überlagerten Zerspanung eine größere
Härte aufweist. Wie der Motorversuch ergab, hält die Schicht
den Beanspruchungen im Verbrennungsmotor stand.

Durch die Steigerung der Abscheidungsgeschwindigkeit und
die Erhöhung der Stromausbeute wird die Herstellung von Verschleißschutzschichten aus Chrom wieder wirtschaftlich interessant. Mit dem Galvanischen Auftragshonen ist es möglich, eine Maßverchromung in Maßgruppen auch dicker Schichten in kurzen Zeiten durchzuführen. Das direkte Galvanische
Auftragshonen von Chrom auf Aluminium bietet so wieder eine
Alternative zu Al-Verschleißschutzsystemen, wie z.B. der
Freilegung von übereutektischem Aluminium oder der galvanischen Badabscheidung von Nickel-Dispersionsschichten.

9. <u>SCHRIFTTUM</u>

1 Kohl, E.   Der Leichtmetall-Zylinder im
                          Motorenbau
                          MAHLE Technische Informationen
                          Folge 9, 1970, S. 9 - 12

2 Röhrle, M.   MAHLE-Kolben- und Zylinderentwick-
                          lungen für Hochleistungsmotoren
                          MAHLE Technische Informationen
                          Folge 8, 1969, S. 3 - 11

3 Csokán, P.   Hartverchromen von Leichtmetall-
                          zylindern
                          Metalloberfläche 13. Jg. 1959
                          Ausgabe B Heft 3, S. 33 - 35

4 NN   Aluminiumverbrauch in der Bundes-
                          republik Deutschland
                          Technische Rundschau 70. Jg. 1978
                          Nr. 44, S. 11

5 Bönsch, H.W.   Gedanken zum Leichtmetallmotor
                          - Ziele, Eigenschaften und Probleme
                          MAHLE Technische Informationen
                          Folge 16, 1976, S. 11 - 18

6 Riekert, P.   Verchromte Leichtmetallzylinder
   Hampp, W.   Metalloberfläche 5. Jg. 1951
                          Ausgabe A Heft 3, S. 33 - 37

7 Meyer-Rässler, E.   Die MAHLE-Nikasilschicht
                          MAHLE Technische Informationen
                          Folge 13, 1974, S. 6 - 9

8 Ostermann, A.   Unbeschichtete Leichtmetall-Zylinder
                          und beschichtete Leichtmetall-Kolben
                          in 2-Takt-Motoren
                          MAHLE Technische Informationen
                          Folge 13, 1974, S. 14 - 16

9 Wacker, E.   Alusil-Zylinder, Ferrocoat-Kolben
                         Firmenmitteilung der Karl Schmidt
                         GmbH

10 Meyer-Rässler, E.   Verchromen von Leichtmetallzylindern
                         Metalloberfläche 3. Jg. 1951
                         Ausgabe B Heft 3, S. 33 - 42

11 Beerwald, A.   Ein Beitrag zur Hartverchromung von
                         Aluminium und seinen Legierungen
                         Z. Aluminium März 1941, S. 149 - 155

12 Dettner, H.W.   Handbuch der Galvanotechnik
    Elze, J.   Carl Hanser Verlag, München,
                         1964 - 1969

13 Meyer-Rässler, E.   Hartverchromung von Aluminium
                         Metall 6. Jg. 1952 Heft 17/18,
                         S. 504 - 509

14 Weiner, R.   Die galvanische Verchromung
                         G. Leuze-Verlag, Saulgau, 1974

15 Müller, W.   Galvanische Schichten und ihre
                         Prüfung
                         Friedr. Vieweg + Sohn, Braunschweig,
                         1972

16 Wiegand, H.   Hartverchromung - Eigenschaften und
    Fürstenberg, U.H.   Auswirkungen auf den Grundwerkstoff
                         Maschinenbau-Verlag, Frankfurt, 1968

17 Klink, U.   Honen
                         VDI-Z 119 (1977) Nr. 13, S. 674 - 683

18 Pohle, G.   Laufflächen von Leichtmetallzylindern
                         MAHLE Technische Informationen
                         Folge 13, 1974, S. 3 - 5

19 Schmidt, A.   Angewandte Elektrochemie - Grundla-
                       gen der elektrolytischen Produktions-
                       verfahren
                       Verlag Chemie, Weinheim, 1976

20 Kortüm, G.   Lehrbuch der Elektrochemie
                       Verlag Chemie, Weinheim, 1972

21 Eisner, S.   Electroplating Accompanied by Con-
                       trolled Abrasion of the Plate
                       Plating 58 (1971) Nr. 10, S. 993 - 996

22 Malim, T.H.   Abrasives in Plating Baths Produce
                       Astonishing Results
                       Iron Age Metalworking International
                       Dez. 1971, S. 40 - 41

23 Sachbazov, O.K.   Erhöhung der Leistungsfähigkeit des
                       Verchromens von Zylinderlaufbüchsen
                       Vestnik mašinostrenija 52 (1972) 6,
                       S. 55 - 57

24 Safranek, W.H.   Fast Rate Electrodeposition
   Layer, C.H.   Transactions of the Institute of
                       Metal Finishing, London 53 (1975),
                       S. 121 - 125

25 Eisner, S.   An Ultra High Speed Plating Process
                       Utilizing Small Hard Particles
                       Transactions of the Institute of
                       Metal Finishing, London 51 (1973),
                       S. 13 - 16

26 Victor, H.   Internationale Werkzeugmaschinen-
   Stute, G.   Ausstellung in Chicago 1972
   Storr, A.   WT - Z.ind.Fertig. 62 (1972) Nr. 12,
                       S. 731

184

27 Spitzig, S.   Globaler Querschnitt der Produktion
                         in Chicago
                         Werkstatt u. Betrieb 106 (1973) 1,
                         S. 27

28 VDI   Elektrochemische Bearbeitung
                         VDI-Richtlinie 3401, Blatt 1,
                         Sept. 1970

29 DIN   Begriffe der Fertigungsverfahren
                         DIN 8580, Oktober 1963

30 Ex-cell-o GmbH   Hone Forming Process
                         Firmenmitteilung vom 24. Febr. 1972

31 Deutsches   Offenlegungsschrift 2029646
    Patentamt   15. April 1971

32 Reichard, D.   New process simultaneously plates and
                         hones parts quickly and economically
                         Machinery (USA) 78 (1972) Nr. 9,
                         S. 37 - 41

33 Feinberg, B.   Plate Faster With Hone-Forming
                         Manufactoring Engineering & Management
                         Sept. 1972, S. 22 - 23

34 Reichard, D.   High Speed Precision Plating
                         Products Finishing 38 (1974) 4,
                         S. 48 - 57

35 Ellis, M.P.   A different kind of puttin'on tool
                         American Machinist 116 (1972) Nr. 6,
                         S. 64 - 66

36 Benninghoff, H.   Fortschritte der Galvanotechnik
                         Industrie-Anzeiger 99. Jg. 1977
                         Nr. 41, S. 743 - 745

37 XLO-Micromatic Everything you've always wanted to
          know about Hone-Forming
          Firmenschrift Micromatic

38 Reichard, D.   Process development for Trochoid
          Hone-Forming
          Tooling 28 (1974) Nr. 8, S. 23 - 26

39 Fragin, J.I.   Untersuchung der technischen Möglich-
  Pyšnograeva, I.I. keiten des Galvanischen Honens
          Vestnik mašinostroenija 57 (1977) 9,
          S. 59 - 60

40 NN   Unveröffentlichte Untersuchung des
          Hone-Forming der Daimler-Benz AG,
          Untertürkheim

41 Tönshoff, T.   Formgenauigkeit, Oberflächenrauheit
          und Werkstoffabtrag beim Langhubhonen
          Dissertation Universität Karlsruhe
          1970

42 Krawitz, G.   Formverbesserung und Oberflächenaus-
          bildung beim Elektrochemischen Honen
          Dissertation Universität Karlsruhe
          1976

43 Zettel, H.D.   Abtragssteigerung und Formverbesse-
          rung beim Langhubhonen
          Dissertation Universität Karlsruhe
          1974

44 Guilleaume   Atlantik Honsteine
          Guilleaume-Werke, Beuel

45 DIN   ISO-Grundtoleranzen für Längenmaße
          DIN 7151, November 1964

46 DIN   Begriffe für die Gestalt von Ober-
          flächen
          DIN 4760, Juli 1960

47 DIN   Form- und Lagetoleranzen
DIN 7184, Blatt 1, Mai 1972

48 DIN   Elektrische Tastschnittgeräte zur
Messung der Oberflächenrauheit nach
dem Tastschnittverfahren
DIN 4772 Entwurf, Mai 1978

49 DIN   Erfassung der Gestaltsabweichung 2.
bis 5. Ordnung an Oberflächen an
Hand von Oberflächenschnitten
DIN 4762, August 1960

50 Trautwein, R.   Bewertung der Oberfläche von Zylin-
derlaufbahnen
MAHLE Technische Informationen
Folge 13, 1974, S. 17 - 18

51 DIN   Messung von Schichtdicken
Allgemeine Arbeitsgrundlagen
DIN 50982, Teil 1 - 3, Mai 1978

52 Gühring, W.H.   Übersicht der wichtigsten Verfahren
und Geräte zur Messung galvanisch
oder chemisch abgeschiedener Metallschichten
Messen + Prüfen/Automatik Nov. 1977,
S. 731 - 758

53 Plog, H.   Schichtdickenmessung, Verfahren und
Geräte
G. Leuze Verlag, Saulgau, 1968

54 DIN   Wirbelstromverfahren zur Messung der
Dicke von elektrisch nichtleitenden
Schichten auf nichtferromagnetischem
Grundmetall
DIN 50984, August 1978

55 DIN   Mikroskopische Messung der Schicht-
                        dicke
                        DIN 50950, April 1968

56 Plog, H.   Haftfestigkeit
                        Jahrbuch der Oberflächentechnik 1970
                        S. 382 - 387

57 DIN   Härteprüfung nach Vickers
                        DIN 50133, Dezember 1972

58 Riedel, W.   Zur Mikro-Härte galvanisch abge-
    Klinge, M.   schiedener Überzüge
                        Galvanotechnik 65 (1974) Nr.9,
                        S. 744 - 751

59 DIN   Verschleiß - Begriffe, Systemanalyse
                        von Verschleißvorgängen, Gliederung
                        des Verschleißgebiets
                        DIN 50320, November 1976

60 Piersol, R.J.   Metal Cleaning and Finishing
                        Febr. 1935

61 Eilender, W.   Hartchromschichten höchster Ver-
    Arend, H.   schleißfestigkeit
    Schmidtmann, E.   Metalloberfläche 3 (1949), S. 57 - 59

62 Wahl, H.   Verschleißprüfung von Hartchrom-
    Gebauer, K.   schichten
                        Metalloberfläche 2 (1948), S. 25 - 37

63 Wiegand, H.   Beitrag zum Verschleißverhalten gal-
    Heinke, G.   vanisch abgeschiedener Nickel- und
                        Chromschichten sowie chemisch abge-
                        schiedener Nickelschichten im Ver-
                        gleich zu einigen Stählen
                        Metalloberfläche 24 (1970),
                        S. 163 - 170

64 Kirmse, W.   Diamanthonwerkzeuge in der Serien-
                          fertigung
                          Industrial Diamond Review, Deutsche
                          Ausgabe 20. Jg. (1968) Nr. 2,
                          S. 53 - 62

65 Wild, P.W.   Moderne Analysen für die Galvano-
                          technik
                          G. Leuze Verlag, Saulgau, 1972

66 Feigl, H.   Über die bei der kathodischen Re-
    Kandler, L.   duktion von Chromsäure auftretenden
    Reinhold, I.   Deckschichten
                          Metalloberfläche 17 (1963) Heft 8,
                          S. 229 - 235

67 Ryan, N.E.   The Mechanism of Chromium Deposition
                          Met. Fin. 63 (1965) Nr. 1, S. 46 - 50
                                             Nr. 2, S. 73 - 74

68 Kasper, Ch.   The theory of the potential and the
                          technical practice of electrodepo-
                          sition
                          Trans. Am. Electrochem. Soc.
                          77 (1940), S. 353 - 363

69 Weiler, G.G.   Erodierelektroden durch Galvano-
                          formung
                          Krausskopf, Wiesbaden, 1976

70 Robinson, D.J.   High Speed Electrodeposition of
    Gabe, D.R.   Copper from Conventional Sulphate
                          Electrolytes
                          Transactions of the Institute of
                          Metal Finishing, London 48 (1970),
                          S. 35 - 42

71 Le Blanc, M.   Abhandlung der Bunsengesellschaft
                          Halle, W. Knapp 1910

72 Kohlschütter, V.   Über elektrolytische Kristallisa-
                        tionsvorgänge
                        Z. Elektrochem. 33 (1927) Nr. 7,
                        S. 272 - 308

73 Fischer, H.   Elektrokristallisation von Metallen
                        Z. Elektrochem. 59 (1955),
                        S. 612 - 622

74 Lorenz, W.   Zur Theorie des elektrolytischen
                        Kristallwachstums
                        Z. Physikal. Chem. 202 (1953),
                        S. 273 - 291

75 Kossel, W.   Die molekularen Vorgänge beim
                        Kristallwachstum
                        Leipziger Vorträge 1928
                        Quantentheorie und Chemie

76 Hart, A.C.   Galvanisieren mit hoher Abscheide-
                        geschwindigkeit
                        Metalloberfläche 32 (1978),
                        S. 377 - 381

77 Lahrs, J.   Wärmeübergang und Geschwindigkeits-
                        verteilung in laminar und turbulent
                        durchströmten Ringspalten
                        Fortschr.-Ber. VDI-Z. Reihe 3 Nr. 40

78 Slotte, K.F.   Über die innere Reibung einiger
                        Lösungen und die Reibungskonstante
                        des Wassers bei verschiedenen
                        Temperaturen
                        Wiedemann Annalen der Physik und
                        Chemie Bd. 256 N.F. 20 (1883),
                        S. 257 - 267

79 Rosenberger, R.   Zusammenfassung verschiedener For-
                     schungs- und Versuchsarbeiten über
                     das Honen
                     WT - Z.ind.Fertig. 52 (1962) Nr. 2,
                     S. 55 - 62

80 Gehring   Interne Arbeitsberichte zur Bear-
                     beitung von Hartchrom auf Aluminium
                     durch mechanisches Honen

81 Haasis, G.   Untersuchung über wirtschaftliches
                     Honen
                     Dissertation TH Stuttgart 1955

82 Deutsches   Offenlegungsschrift 2237834
   Patentamt   5. August 1971

83 Wiegand, H.   Metallographische und röntgeno-
   Kaiser, H.-R.   graphische Untersuchungen an Hart-
                     chromniederschlägen
                     Metalloberfläche 19 (1965) Heft 6,
                     S. 161 - 173

84 Knödler, A.   Über die Bildung von Chromhydrid
                     durch Elektrolyse und seine Struktur
                     Metalloberfläche 17 (1963) Heft 6,
                     S. 161 - 168

85 Knödler, A.   Eigenschaften von Chromhydrid
                     Metalloberfläche 17 (1963) Heft 11,
                     S. 331 - 337

86 Tönshoff, T.   Plastische Gefügeverformung unter-
                     halb gehonter Oberflächen
                     Zeitschrift für Metallkunde Band 64
                     (1973) Heft 4, S. 219 - 223

87 Syren, B.   Der Einfluß spanender Bearbeitung
                             auf das Biegewechselverformungsver-
                             halten von Ck 45 in verschiedenen
                             Wärmebehandlungszuständen
                             Dissertation Universität Karlsruhe
                             1975

88 Wiegand, H.   Eigenspannungen in Hartchromnieder-
   Kaiser, H.-R.   schlägen
                             Metalloberfläche 19 (1965) Heft 5,
                             S. 130 - 137